— Hibou moyen-duc

NOTRE NATURE
GUIDE DES OISEAUX

DÉCOUVREZ LES **77** ESPÈCES LES PLUS FRÉQUENTES DANS LEUR BIOTOPE

NOTRE NATURE

Lannoo

— Rougegorge familier

— Engoulevent d’Europe, femelle

— Martin-pêcheur, femelle

— Pie-grièche grise

CONTENU

— Grive litorne

— Troglodyte mignon

— Jeune spatule blanche

DE L'AUTOUR DES PALOMBES AU VANNEAU HUPPÉ

Sautillant dans la campagne, flottant sur la mer ou survolant les forêts : les oiseaux sont littéralement partout. Dans notre pays densément peuplé, vous ne pouvez pratiquement pas faire un pas dans le monde extérieur sans avoir tout de suite un oiseau en point de mire.

Vous ne nous croyez pas ? Dès que vous commencez à y faire attention, les oiseaux vous apparaissent aux endroits les plus fous ! Contre le mur d'une haute tour de refroidissement, au-dessus d'un poteau d'éclairage d'autoroute, dans les berges d'une carrière d'argile, arpentant le lit d'une rivière ou blottis dans une minuscule cuvette sur la lande… Quel que soit l'endroit que vous imaginez, un des oiseaux de chez nous s'y sent chez lui.

Il est donc grand temps d'apprendre à mieux connaître ces compagnons ailés. Vous retirerez à coup sûr quelque chose de ce livre, même si vous êtes un fin connaisseur qui a déjà coché le grèbe huppé, l'avocette et, qui sait, le grand-duc sur sa liste d'observation. Et si vous en êtes encore au stade de distinguer à peine un merle d'une cigogne, ce livre constitue un point de départ pratique et agréable pour vous plonger dans le monde sauvage de l'observation des oiseaux.

Dans ce guide des oiseaux, nous nous focalisons sur 77 espèces passionnantes, de la toute petite (le troglodyte) à la grande (la cigogne), de la très camouflée (l'engoulevent) à la très colorée (le martin-pêcheur) et de la visiteuse de passage (la grue cendrée) à la nicheuse habituelle (la mésange charbonnière). Une petite liste de cinq traits caractéristiques est établie pour chaque oiseau afin d'éviter de les confondre à l'avenir. Vous découvrez ensuite où vous pouvez observer chaque espèce, par exemple pendant la saison des amours. Nous zoomons d'ailleurs sur quelques comportements amoureux insolites ou spectaculaires des oiseaux et les suivons aussi vers leur séjour d'hiver préféré.

Vous pouvez considérer ce livre comme une introduction à la série de films documentaires de *Notre Nature,* réalisée par la maison de production Hotel Hungaria et proposée en 2022 sur RTL. Dans cette série prestigieuse, vous retrouverez en live les acteurs principaux dont vous aurez déjà fait connaissance dans ce *Guide des Oiseaux Notre Nature.*

Pour accompagner votre lecture, vous pouvez aussi jeter un œil sur notrenature.be, une plateforme en ligne qui foisonne d'infos sur la nature, vous plonge dans de superbes images de la Belgique à l'état sauvage et est une véritable invitation à partir soi-même à la découverte. Car la nature commence dès que vous mettez un pied dehors. Qu'attendez-vous encore ?

Nous avons utilisé les noms latins des oiseaux comme base pour l'index, mais vous trouverez également un index pratique des noms francais à la page 220.

Noir Flohay sur les Hautes Fagnes —

EXERCEZ VOTRE CONNAISSANCE DES OISEAUX DANS CES TOP SITES

Vous avez pris goût à la chose et les oiseaux de votre jardin n'ont plus de secret pour vous ? Nous vous recommandons alors de tout cœur ces super territoires qui sont toute l'année de véritables pôles d'attraction pour les oiseaux de tout plumage et les observateurs de tout poil. Pour gâter ces derniers, la plupart des sites sont équipés de cabanes d'affût, palissades d'observation, cabanes de prise de vue ou tours d'observation.

Vallée de l'Yser et du Handzame

Les oiseaux de prairie, d'eau et des marais, mais aussi les rapaces, se sentent parfaitement chez eux sur les rives de l'Yser et du canal du Handzame tout proche. Plus de 40 espèces d'oiseaux protégées se posent chaque année en grand nombre dans les réserves naturelles De Blankaart et des IJzerbroeken.

Adresse Iepersteenweg 56, 8600 Woumen

Oiseaux phares

grand cormoran, busard des roseaux, vanneau huppé

Uitkerkse Polder

Il ne faut pas nécessairement passer tout son temps à la plage quand on vient à la côte belge. Dans le plus important site de Flandre pour les oiseaux de prairie, les observateurs d'oiseaux peuvent aussi s'en donner à cœur joie, en hiver (bienvenue, les oies rieuses) et en été (salut, les oiseaux de prairie).

Adresse Kuiperscheeweg 20, 8370 Blankenberge

Oiseaux phares

avocette élégante, alouette des champs, hibou des marais

Bourgoyen-Ossemeersen

À 3 kilomètres à peine du Château des Comtes de Gand, vous plongez ici dans une oasis de verdure très connue pour ses oiseaux d'eau. C'est surtout pendant les mois d'hiver, quand les prairies sont inondées, que vous pouvez les voir s'éclabousser, barboter et jacasser en masse.

Adresse Driepikkelstraat 32, 9030 Gent

Oiseaux phares
héron cendré, spatule blanche, sterne pierregarin

Rive gauche de l'Escaut

Juste à côté de la zone portuaire d'Anvers se trouve une mosaïque de territoires naturels d'une valeur inestimable pour les oiseaux nicheurs et migrateurs. Entre autres, les sites Groot Rietveld, Rietveld Kallo, Verrebroekse Plassen, Prosper- en Hedwigepolder, Putten Weiden et Haasop méritent vraiment une visite.

Adresse Scheldedijk 1, 9120 Kallo (Beveren) (Groot Rietveld et Rietveld Kallo)

Oiseaux phares
oie cendrée, barge à queue noire, courlis cendré

Polders de Kruibeke

À un jet de pierre d'Anvers, le long de l'Escaut, se trouve le plus grand territoire inondable de Flandre. La zone n'est vraiment complètement sous eau qu'une ou deux fois par an, le reste du temps un système d'écluses bien conçu règle l'effet de marée et assure une nature riche, de vasières et de schorres.

Adresse Scheldelei, 9150 Kruibeke (aussi accessible par un service de bac au départ de Hoboken)

Oiseaux phares
buse variable, grèbe huppé, coucou

Uitkerkse Polder —

Bruyère de Kalmthout

Dans cet « arrière-jardin » de la ville d'Anvers, vous avez une vision unique sur ces paysages de landes étendues dont l'Europe était largement couverte jadis. Ce morceau de pure nature campinoise offre des possibilités de nidification à toutes sortes d'oiseaux rares qui se sentent comme un poisson dans l'eau sur la lande.

Adresse Putsesteenweg 129, 2920 Kalmthout

Oiseaux phares
faucon hobereau, pie-grièche grise, engoulevent

Embouchure de la Senne

Cet étonnant territoire naturel, avec un effet de marée unique, se trouve près de Malines à l'endroit où la Senne, la Dyle, la Nèthe et le Rupel confluent. Chaque jour, vous y voyez de manière spectaculaire des quantités d'eau impressionnantes envahir le territoire et se déverser en dehors par une grande écluse. Et des tas d'oiseaux, bien sûr, que vous ne pouvez pas manquer.

Adresse Zennegatvaart, 2800 Mechelen

Oiseaux phares
bécasseau variable, grande aigrette, faucon crécerelle

— Réserve naturelle De Platwijers

— Het Vinne

— Bruyère de Kalmthout

Bois de Meerdaal

Ce magnifique bois très ancien fait partie de la plus grande forêt de feuillus qu'on trouve en Flandre. Il est surtout connu pour ses chevreuils. Mais les amoureux des oiseaux peuvent aussi y faire des découvertes étonnantes.

Adresse Weertse Dreef 27-31, 3051 Sint-Joris-Weert

Oiseaux phares
chouette hulotte, grand corbeau, pic noir

Het Vinne

Le plus grand lac de Flandre se trouve à Zoutleeuw. Le Vinne n'est pas seulement un point d'attraction pour les oiseaux, mais aussi pour leurs observateurs qui y disposent de nombreuses cabanes et tours d'observation. Pendant les migrations, il y règne une belle animation.

Adresse Ossenwegstraat 70, 3440 Zoutleeuw

Oiseaux phares
tadorne de belon, martin-pêcheur, mouette mélanocéphale

Les étangs du Midden-Limburg

Bois anciens, grande lande, ruisseaux, centaines d'étangs, marais et grandes roselières... cet endroit a tout pour lui. Cette diversité paysagère assure une grande richesse d'espèces d'oiseaux, avec de véritables pépites.

Adresse Zwanestraat 105, 3520 Zonhoven

Oiseaux phares
hirondelle rustique, mouette rieuse, balbuzard pêcheur

Sint-Maartensheide – De Luysen

À la frontière avec les Pays-Bas se trouve ce paysage varié de landes, bois, champs et prairies, semé de fanges et de marais. De petits éléments du paysage comme les haies, les broussailles et les mares font le bonheur des espèces exigeantes.

Adresse au bout de la Maria-hofstraat, 3960 Bree

Oiseaux phares
chardonneret élégant, butor étoilé, bondrée apivore

La fôret de Soignes —

Forêt de Soignes

Cette célèbre forêt de feuillus périurbaine, répartie sur les trois Régions de Bruxelles-Capitale, de la Flandre et de la Wallonie, n'est pas seulement connue pour son imposante hêtraie cathédrale. Elle compte aussi des zones plus secrètes et de nombreux étangs où une grande variété d'oiseaux viennent se ressourcer loin de l'animation de la capitale. Et sans être dérangés par les grandes voies de circulation qui traversent la forêt.

Adresse par Groenendaal, avenue Dubois 2, 1560 Hoeilaart ou par les Étangs de Boitsfort, avenue de la Foresterie, chemin des Silex 2, 1170 Bruxelles

Oiseaux phares
sitelle torchepot, pics épeiche et épeichette, pinson des arbres, autour des palombes

Étang de Virelles

Cette grande pièce d'eau douce de 80 hectares est un vrai hot spot pour les oiseaux d'eau. Ils s'y sentent parfaitement chez eux dans les nombreuses roselières, parmi les aulnes glutineux et dans l'ancien parc. Quelques couples de cigognes blanches nichent aussi chaque année dans cette réserve naturelle.

Adresse rue du Lac 42, 5461 Virelles

Oiseaux phares
bergeronnette printanière, cigogne blanche, épervier d'Europe

— Fondry des Chiens

Haute-Sûre

Aimez-vous la beauté sauvage de l'Ardenne profonde ? Vous devez absolument visiter ce site Natura 2000. Le long des rives de la Sûre, vous traverserez un paysage changeant de prairies humides, de marais et d'épaisses forêts de feuillus.

Adresse possibilité de parking à l'église de Bercheux, 6642 Vaux-sur-Sûre

Oiseaux phares
grive litorne, hibou moyen-duc, cigogne noire

La Fagne de Malchamps

Dans cette petite sœur moins connue des Hautes Fagnes, vous avez peu de chances de rencontrer le discret (et ultra protégé) grand tétras, mais c'est une base idéale pour observer d'autres oiseaux exceptionnels.

Adresse Bérinzenne 4, 4900 Spa

Oiseaux phares
geai, pie-grièche grise, caille

La Calestienne entre Frasnes et Doische

Les prairies, les bois et les rochers s'entremêlent dans ce haut lieu de la biodiversité. Le point le plus spectaculaire de la région est sans conteste le Fondry des Chiens, un gouffre naturel de 100 mètres de long qui évoque un peu le Grand Canyon. Ne vous contentez pas d'admirer les rochers impressionnants, pas mal d'oiseaux exceptionnels volent aussi dans les environs.

Adresse route de Rochefort 38, 5570 Beauraing

Oiseaux phares
bruant jaune, hibou grand-duc, hirondelle de rivage

Vallée de la Holzwarche

Ici, près de Bullange dans les Cantons de l'Est, vous découvrez une nature qu'on ne rencontre nulle part ailleurs en Belgique. Les précieuses prairies à jonquilles sont très fragiles mais bénéficient d'un haut niveau de protection. Les oiseaux qui s'établissent dans ce territoire particulier sont souvent des amoureux de la montagne.

Adresse Pannegasse 1, 4760 Büllingen

Oiseaux phares
grive draine, cassenoix, milan royal

Les Marais d'Harchies

Entre Tournai et Mons, ce site naturel de 550 hectares provient d'affaissements miniers qui ont ouvert les digues pour une nature humide. Entre les nombreux plans d'eau et marais, d'anciens terrils sont toujours visibles, offrant quant à eux un microclimat chaud et sec.

Adresse chemin des Préaux 5, 7321 Bernissart

Oiseaux phares
grèbe huppé, rossignol, perdrix grise

— Grande Aigrette

— Colonie de mouettes mélanocéphales

— Chardonneret

— Autour des palombes

LÉGENDE

taille

envergure

quand l'observer

où

régime

espérance de vie moyenne

degré de difficulté d'observation

De * « facile à observer » à ***** « extrêmement difficile à observer »

AUTOUR DES PALOMBES

Accipiter gentilis

C'est sans doute le rapace par excellence : rapide, fort, agile, impitoyable… cet oiseau a tout pour lui !

— Adulte

— Cet autour des palombes a des hanches avantageuses

49-64 cm

90-120 cm

toute l'année

forêts, clairières dégagées

oiseaux, petits vertébrés

5 ans

****

Juvénile —

5 TRAITS CARACTÉRISTIQUES

1. Dessus gris ardoisé
2. Dessous presque blanc rayé de gris
3. Couronne et région de l'oreille noires, sourcil blanc au-dessus de l'œil
4. Queue largement barrée de noir
5. Pousse au lever du jour un « ké-ké-ké-ké-ké » joyeux

La distinction entre un autour mâle et un épervier femelle est parfois difficile à faire. L'autour se reconnaît à ses pattes solides et à ses « hanches larges ». Celles-ci se remarquent aussi bien en vol que lorsqu'il est posé sur une branche.

Des jeunes tachetés

Les jeunes autours des palombes sont entièrement mouchetés et rayés. Le dessus brun présente des bandes larges visibles sur les ailes et la queue, le dessous est tacheté de petits traits verticaux.

Des hanches avantageuses

Les autours des palombes mènent une vie discrète, mais au tout début de printemps, on les voit parfois planer sur les chauds courants ascendants. En chantant leur chant nuptial, ils volent en rond au-dessus de leur territoire. Leur vol est majestueux, avec d'imposants mouvements d'ailes, mais ils cherchent aussi à séduire en gonflant les plumes du bas de la queue pour accentuer leurs hanches.

SON

À la vitesse de l'éclair

L'autour chasse le jour et pourtant personne ne le voit arriver. Il s'attaque principalement aux oiseaux de taille moyenne, étourneaux, pigeons, grives et merles, entre autres. Grâce à son vol super rapide, il fond aussi régulièrement sur des rapaces plus petits, comme son cousin l'épervier.

Des lieux pour plumer les proies

Tout comme l'épervier, l'autour des palombes emporte ses proies dans des lieux bien définis pour les y plumer avant de les manger. Les plumes s'y trouvent en tas et souvent aussi on y voit des déjections.

Une aire ?

La plupart du temps, l'autour construit ou rénove un nid solide en haut d'un arbre. Un nid de rapace s'appelle une « aire ». Ces aires sont parfois réutilisées, parfois les habitants en construisent une nouvelle sur leur territoire. En dessous de leur nid, on trouve des pelotes de réjection et d'autres restes de proies.

— Nid dans un arbre

Lieu de plumaison —

Femme au foyer
La femelle couve tandis que le mâle s'occupe du ravitaillement. Après que les jeunes sont nés, les rôles restent strictement répartis.

L'autour des villes
Suite à des bouleversements forestiers, il arrive aujourd'hui que l'autour des palombes nidifie aussi dans des parcs. Les jeunes qui y grandissent deviennent des adultes moins farouches.

Le saviez-vous?
Pour attraper des canards l'autour des palombes les noie.

☐ **Vu le**	......../......../20.....

ÉPERVIER D'EUROPE

Accipiter nisus

L'épervier est le roi des attaques surprises. Il surgit brusquement de nulle part et se saisit de ses victimes en plein vol.

— Adulte

Taille	29-41 cm
Envergure	58-80 cm
Période	toute l'année
Habitat	forêts, parcs, villes
Nourriture	oiseaux
Longévité	3 ans
Observation	****

5 TRAITS CARACTÉRISTIQUES

1. Mâle : dessus gris ardoise, joues, poitrine et rayures du ventre rousses
2. Femelle : dessus gris ardoise, dessous clair à raies brunâtres
3. Bandes bien visibles sur le dessous des ailes
4. Longue queue rectangulaire à larges bandes foncées
5. Vol ondulé

SON

La femelle est beaucoup plus grande que le mâle ; chez aucune autre espèce cette différence n'est aussi marquée.

Chacun sa ration

Cette grande différence de taille est encore plus évidente pendant la chasse. Le mâle ne s'attaque qu'aux petits passereaux, la femelle peut s'en prendre occasionnellement à un pigeon. C'est pourtant par ses talents de chasseur que le mâle conquiert une femelle.

Attaque surprise

L'épervier se met en planque derrière une haie ou des arbustes, pour surgir comme un boulet de canon et frapper à courte distance. Il surprend ainsi même des oiseaux du jardin occupés à se régaler sur une mangeoire sans se douter de rien.

Salle à manger

L'épervier emmène sa proie vers un lieu de dégustation fixe. Vous y verrez des plumes et les restes de ses repas.

Parades spectaculaires

Pour se faire mutuellement la cour, les partenaires montent haut dans le ciel pour plonger ensuite en piqués vertigineux, les ailes collées au corps. Quand leur territoire est déterminé, ils font ensemble de larges cercles au-dessus de leur domaine.

Distribution stricte des rôles

Chaque année, le couple refait un nid, de préférence en haut d'un arbre, mais tout contre le tronc. La femelle se charge à elle seule de la couvaison, car le mâle n'est pas assez grand pour couvrir entièrement les œufs. C'est seulement quand les jeunes sont capables de se tenir suffisamment au chaud eux-mêmes que la femelle repart à la chasse.

☐ **Vu le**	……../……../20….

ALOUETTE DES CHAMPS

Alauda arvensis

Entendez-vous un chant clair, mélodieux et qui n'en finit pas, très haut au-dessus de votre tête ? C'est l'alouette des champs, qui a fait de ses vols musicaux sa marque de fabrique.

— Adulte

16-18 cm	
30-36 cm	
toute l'année	
paysages ouverts	
petits animaux et graines	
2,5 ans	
**	

Chantant en vol —

5 TRAITS CARACTÉRISTIQUES

1. Dessus rayé gris-brun
2. Poitrine rayée de jaune et ventre blanc uni
3. Queue bordée de blanc ainsi que l'arrière des ailes
4. Le mâle porte une petite huppe rayée
5. Chant caractéristique qui semble ne pas devoir s'arrêter

☐ Vu le .... /........ /20.....

SON

The Voice

Tous les fauteuils des coachs devraient se retourner à coup sûr pour le chant sublime de l'alouette. Apparemment sans reprendre son souffle, elle émet pendant des minutes ses mélodies séduisantes. Quand on veut identifier une alouette, il faut donc commencer par ouvrir les oreilles.

Dans les nuages

Et inutile de porter alors le regard vers le haut. L'alouette des champs chante parfois d'un poste d'observation, mais la plupart du temps elle le fait tout en volant. Le mâle monte alors de plus en plus haut dans le ciel, jusqu'à n'y être plus qu'un point minuscule. Entre 50 et même 150 mètres d'altitude, il s'immobilise sur place et continue à chanter.

La groupie de l'artiste

Aux premières loges, la femelle est (espérons-le) profondément impressionnée par les talents vocaux de son promis. Quand il est presque à court d'haleine, il lance ses dernières notes tout en redescendant pour atterrir près d'elle.

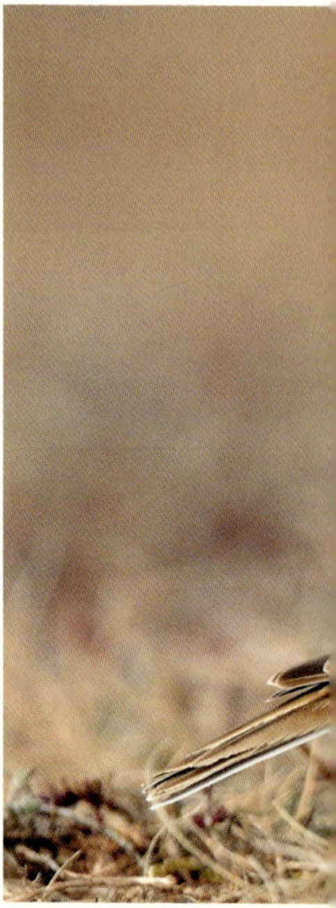

Nidifie au sol
Aussi haut l'alouette va-t-elle chanter, aussi bas construit-elle son nid. Elle dépose ses œufs bien dissimulés dans un nid à même le sol, dans un terrain ouvert, comme une lande ou une prairie à foin.

45 jours en nurserie
L'alouette des champs commence à couver fin mars. Après 2 semaines, les 2 à 6 œufs ont éclos et les jeunes commencent à quitter le nid une semaine plus tard. Il faut encore 10 jours avant qu'ils volent pour la première fois. Au total, l'alouette a besoin de 45 jours pour mener une couvée à bien et elle doit le faire 2 ou 3 fois par saison de reproduction pour maintenir sa population.

Les délices de l'alouette
Sur le sol, l'alouette des champs recherche surtout des vers et des insectes. C'est une source de protéines indispensable pour les poussins pendant la période des nids. L'hiver, l'oiseau passe à un régime de céréales et de graines.

— Avec des proies

Fourrageant —

Fauchages mortels
Depuis les années 70, notre population d'alouettes des champs a régressé de 95 pour cent. L'oiseau a surtout souffert du changement des stratégies agricoles. Les fauchages précoces (avec des intervalles de moins de 45 jours) détruisent les nids, mais l'oiseau est aussi victime du blé d'hiver qui est trop haut au printemps pour pouvoir y faire un nid.

Biodiversité autour des champs
Pour aider l'alouette, maintenir la biodiversité dans les bordures des champs est un must. Un mix de fleurs et d'herbes sauvages attire une multitude d'insectes dont les jeunes parents pourront bénéficier. Les côtés des champs ne peuvent pas être bordés d'arbres ou de bosquets car ils effraient l'alouette.

Le saviez-vous?
Le record de durée d'un chant d'alouette est de 54 minutes!

MARTIN-PÊCHEUR

Alcedo atthis

Selon de nombreuses personnes, le martin-pêcheur à la couleur bleue scintillante serait le plus bel oiseau de Belgique. Avec un peu de patience, il n'est pas trop difficile à observer.

— Mâle

— Offrande d'une proie

17-19,5 cm

14-26 cm

toute l'année

à proximité d'eaux claires

poissons

2 ans

***

Femelle —

5 TRAITS CARACTÉRISTIQUES

1. Ailes et calotte bleu cobalt, dos turquoise scintillant au soleil
2. Ventre et bandeau sur l'œil d'un roux orangé
3. Bavette et taches du cou blanches
4. Long bec puissant en forme de dague
5. Sifflement perçant qui annonce son arrivée avant qu'on puisse le voir

SON

Monsieur ou Madame ?
Le bec du mâle est gris noir, celui de la femelle a une base orange.

Astuces pour le voir

— Monter la garde au bord de la rivière
— De préférence en hiver, en été le martin-pêcheur est mieux camouflé
— Chercher ses postes d'observation : piquet, tige de roseau, branche pendant au-dessus de l'eau
— Écouter attentivement les sifflements aigus alentours
— Le martin-pêcheur est superbe à voir quand il vole comme une flèche au ras de l'eau

Pêcheur impitoyable
Le martin-pêcheur est un véritable spécialiste des poissons. Du haut de son poste d'observation sur la berge, il plonge dans l'eau à toute allure pour harponner sa proie en une seconde. Plus le poisson nage bas, plus il plonge en piqué. De retour sur son perchoir, il assomme le poisson d'un coup sec contre une branche avant de le manger.

Avec les écailles

Mieux vaut ingurgiter le poisson dans le bon sens. C'est pourquoi le martin-pêcheur dirige habilement le poisson tête la première dans sa gorge. Sauf quand il veut offrir un cadeau à sa belle : il tient alors le poisson tête vers l'avant dans son bec. Quand il ouvre ensuite celui-ci, la femelle se retrouve yeux dans les yeux avec son infortunée victime. Romantique !

Plonger sans éclabousser

Le martin-pêcheur est un exemple d'école d'aérodynamisme : il ne fait quasi aucune éclaboussure en plongeant dans l'eau pour attraper un poisson. Les ingénieurs japonais ont même construit un train à grande vitesse d'après le modèle du martin-pêcheur : leur *bullet train*, le Shinkansen, est plus silencieux, rapide et économique que les autres.

— Plongeon réussi

Paroi habitée par le martin-pêcheur —

Nicher sous terre
Le martin-pêcheur est fidèle en amour. Le couple ne bâtit pas de nid, mais creuse un tunnel dans la berge raide d'une rivière ou dans le tronc d'un arbre tombé. Tout au bout, ils installent leur chambre de couvaison. Ils y élèvent ensemble leurs jeunes. Quand ceux-ci ont de 3,5 à 4 semaines, les parents les entraînent vers la sortie avec un petit poisson : parés à décoller !

Le saviez-vous... ***le martin-pêcheur n'aime pas la glace***
Les hivers rigoureux portent un coup fatal aux populations de martins-pêcheurs. Le bel oiseau bleu souffre très fort du froid qui transforme son terrain de chasse en manteau de glace impénétrable. On le voit alors souvent en poste près du dernier trou non gelé dans l'espoir d'y voir apparaître un petit poisson.

☐ **Vu le**	......../......../20.....

CANARD COLVERT

Anas platyrhynchos

Les oiseaux d'eau sont une bénédiction pour commencer à observer les oiseaux. Les canards colverts, par exemple. Tout le monde les connaît, mais avez-vous déjà pris le temps d'étudier leur comportement ?

— Femelle et trois mâles

50-60 cm	
81-95 cm	
toute l'année	
sur et autour des eaux douces	
petites plantes et animaux aquatiques	
5 ans	
*	

Position de pêche au plancton —

5 TRAITS CARACTÉRISTIQUES

1. Mâle : tête vert métallique, collier blanc, plumes noires recourbées sur la queue
2. Femelle : couleur de camouflage brune, trait foncé sur l'œil et le sommet de la tête
3. Les deux : miroir alaire bleu à bord blanc
4. Pattes orange
5. Le cancanement typique est émis par la femelle

SON

Au milieu de l'été, souvent après le temps de l'accouplement, le mâle perd son habit éclatant. Il ressemble alors plus à une femelle, mais à l'automne il endosse un nouveau costume sur mesure.

Champions de la flottaison

Les canards colverts flottent comme des petits bateaux sur l'eau. Ils captent de l'air dans leurs plumes, qui agissent comme autant de minuscules bouées. Ils se gonflent aussi en permanence d'air à l'intérieur, dans leurs poumons. Et pour conserver l'imperméabilité de leur plumage, ils enduisent régulièrement leurs plumes avec la graisse d'une glande qu'ils ont sur le croupion.

Bec filtrant

Avec leur bec filtrant, les colverts retiennent le plancton. Ils absorbent continuellement un peu d'eau pour en filtrer les minuscules plantes et bêtes aquatiques. Sur la berge, le canard colvert mange aussi régulièrement un peu d'herbe fraîche.

☐ Vu le	......../......../20.....

« Pet-en-l'air »
Peut-être avez-vous déjà vu un canard plonger la tête sous l'eau en basculant sa queue à la verticale ? C'est une de ses manières habituelles de chercher de la nourriture. Dans cette position, les pattes sont au milieu du corps et le maintiennent d'aplomb par leurs battements.

Amours d'hiver
Les couples sont formés longtemps avant le printemps. Les mâles se rassemblent et exécutent des mouvements rituels. Ils les accompagnent d'un doux sifflement que vous n'attendiez sans doute pas d'un canard. Les combats ne sont pas rares pendant ce prélude. Certains mâles vont même jusqu'à noyer leurs rivaux.

— Canetons

Pénis d'oiseau

Les canards mâles sont sans doute les seuls oiseaux dotés d'un pénis. Les autres volatiles ont un orifice cloacal qu'ils frottent au cloaque de la femelle. Le pénis des canards est protégé à l'intérieur du corps et se déplie en spirale à l'extérieur, comme un tire-bouchon, au moment voulu et c'est plus souvent que ne le voudrait la dame.

Le tire-bouchon inversé

Pour éviter les intrusions non désirées, les canes ont donc développé un mécanisme anti-effraction. Dans leur conduit vaginal, elles ont une spirale incorporée qui tourne en sens inverse du pénis en tire-bouchon des mâles et dont la contraction empêche toute pénétration. Elles ne la relâchent que quand elles y sont vraiment disposées.

Où est le nid ?

Les canards colvert font la plupart du temps leur nid à proximité de l'eau, mais pas toujours. La cane est si bien camouflée que vous la remarquerez rarement.

Où est maman ?

Tout petits, les canetons partent tout de suite en balade avec leur mère. Directement après leur éclosion, ils s'attachent au premier animal en mouvement qu'ils voient. Ils tombent juste dans 99,9 pour cent des cas !

Mère célibataire

Alors que le mâle monte encore la garde pendant que la cane couve, il lui laisse complètement le soin des enfants dès qu'ils sont sortis de l'œuf.

OIE CENDRÉE

Anser anser

Toutes les oies domestiques descendent de cet ancêtre sauvage. Vous pouvez remarquer leur lien de famille en entendant leurs cancanements.

— En vol en formation

— Parents et oisons

74-84 cm

147-180 cm

toute l'année

paysage ouvert humide

herbes, jeunes pousses, racines, baies

12 ans

*

5 TRAITS CARACTÉRISTIQUES

1. Oie grise costaude à croupion clair
2. Dessous de l'aile bicolore
3. Bec et pattes rose orangé
4. Vole en formation en V
5. Cancanement nasal

SON

Seule oie grise nicheuse ici

L'oie cendrée ressemble à la petite oie des moissons et à l'oie de la toundra, mais c'est la seule oie de couleur grise qui nidifie dans notre pays (principalement en Flandre). D'autres oies qui nidifient ici, comme l'oie d'Égypte et la bernache du Canada, sont des oiseaux exotiques échappés d'étangs d'agrément.

Hôtes d'hiver

L'été, vous pouvez surtout rencontrer l'oie cendrée dans le Zwin ou au lac de Schulen (Schulensmeer) dans le Limbourg. L'hiver, de grands groupes se retrouvent dans toute la Flandre en choisissant des pâturages et berges de plans d'eau.

Sauvage ou retournée à l'état sauvage ?

L'oie cendrée est aujourd'hui complètement acclimatée chez nous, mais cela n'a pas toujours été le cas. Auparavant, c'était un nidificateur occasionnel et rare, qui a reçu une nouvelle chance en étant réintroduit par l'homme, notamment dans le Zwin. Cela a été un tel succès qu'il y a surpopulation à certains endroits. C'est principalement dû au nourrissage complémentaire de ces oiseaux d'eau, qui leur enlève la crainte des humains.

Fidélité conjugale

La plupart des oies cendrées forment des couples pour la vie, même si une séparation n'est pas exclue. C'est pourquoi le mâle donne le meilleur de lui-même à chaque période de reproduction : il chasse ses rivaux et hurle son amour. Mère l'oie et son partenaire s'occupent ensemble de leur progéniture.

☐ Vu le	......../......../20.....

MARTINET NOIR

Apus apus

Le martinet noir est un cas à part. Il mange, dort et s'accouple tout en volant.

— Adulte accroché à un mur

Taille	17-18,5 cm
Envergure	40-44 cm
Période	avril-mai à juillet-août
Habitat	villes
Alimentation	insectes volants
Longévité	9 ans
Observation	*

En vol —

5 TRAITS CARACTÉRISTIQUES

1. Plumage très foncé avec une petite tache claire à peine visible sur la gorge
2. Queue fourchue comme l'hirondelle
3. Silhouette en forme d'ancre ou de faux en vol
4. Pattes et bec courts
5. Émet un cri strident et allongé pendant le vol

SON

100 jours pour pouvoir le voir
Le martinet noir vient nidifier dans nos villes et en repart quasi aussitôt après. Il arrive en plein printemps et disparaît déjà avant la fin de l'été. Ces trois mois ou 100 jours suffisent amplement pour pouvoir le rencontrer.

« Oiseau sans pattes »
Par son agilité aérienne, le martinet noir tient plus du colibri que de l'hirondelle avec laquelle on le confond parfois. Comme il passe la majeure partie de son temps en l'air, il a la réputation d'être dépourvu de pattes. Mais il a bien des pattes, même s'il les utilise à peine.

Ne jamais atterrir
On ne rencontre pratiquement jamais de martinet noir sur le sol, car il peut à peine se tenir debout sur ses pattes très courtes. Par contre, il les utilise pour s'agripper à des rochers verticaux ou à des murs quand il nidifie en ville. Le reste de l'année, il le passe en volant et en planant, parfois 10 mois d'affilée !

Nager dans l'air
Haut dans le ciel, le martinet noir se sent comme un poisson dans l'eau. Il mange ce qu'il rencontre en chemin, est membre à vie du Mile High Club et dort en volant en débranchant alternativement un hémisphère cérébral.

Pilote automatique
Dormir en volant ? Absolument ! À la tombée du soir, les martinets noirs montent jusqu'à une hauteur de 3 à 5 kilomètres. Pendant que l'un de leurs hémisphères cérébraux dort, ils se laissent porter en pilote automatique par les courants thermiques. Ils redescendent en en décrivant lentement des cercles. L'œil lié à l'hémisphère cérébral en éveil active l'alarme quand le sol est en vue.

Des ados dans la ville
Les juvéniles qui ne sont pas encore en âge de procréer accompagnent la migration vers le territoire de nidification. Ils ne font pas encore de nids, mais volent au-dessus des toits en bandes bruyantes, comme des ados déchaînés. En faisant claquer leurs ailes, ils exercent leur art de la chasse.

— En vol

En groupe —

Boulettes d'insectes
Un martinet noir qui a des petits à nourrir capture dans l'air des dizaines de milliers d'insectes par jour. Il les réunit dans une poche dans sa gorge, où ils sont agglomérés en boulettes solides de la taille d'une noisette. Ces boulettes d'insectes sont directement injectées dans la gorge des jeunes martinets noirs.

Nichoir
Ces habitants saisonniers des villes y trouvent de moins en moins de cavités dans les bâtiments d'aujourd'hui pour y faire leur nid. Vous pouvez leur donner un coup de main en accrochant un nichoir spécialement fait pour eux.

☐ **Vu le**	......../......../20.....

GRANDE AIGRETTE

Ardea alba

Ce grand échassier aux longues pattes et au cou élégant est superbe à voir. Dans notre pays, il apparaît surtout comme un migrateur de passage, mais très occasionnellement il lui arrive d'y faire son nid.

— Adulte

85-100 cm

140-170 cm

toute l'année

près des eaux douces

poissons, amphibiens, souris

15 ans

**

En vol —

5 TRAITS CARACTÉRISTIQUES

1. Plumage blanc immaculé
2. Longs bec, pattes et cou, celui-ci maintenu en forme de S
3. En hiver : pattes noires et bec jaune
4. En saison de reproduction : haut des pattes rouge, bec noir et longues plumes à la queue, les « aigrettes »
5. En colonie, émet un chant roulant

SON

Dans le ciel

Comme leurs cousins les hérons, les aigrettes volent avec les pattes étendues et le cou replié. Le vol de la grande aigrette est encore plus impressionnant par le mouvement de ses grandes ailes qu'elle monte et descend lentement.

Niche-t-elle ou pas ?

À l'origine, la grande aigrette faisait son nid au sud-est de l'Europe et passait l'hiver autour de la Méditerranée. Aujourd'hui, il y a de plus en plus de populations en Europe Occidentale. Très exceptionnellement, elle niche même en Belgique !

Débrouillarde

Voir la grande aigrette ici dépend souvent du climat. Jusqu'au début des années 90, elle n'apparaissait presque jamais, mais aujourd'hui, il lui arrive régulièrement de faire halte dans notre pays pour y passer l'hiver. Si le temps devient soudain trop rigoureux, elle s'envole tout simplement plus loin.

☐ **Vu le** ..../......../20.....

Chasseur majestueux

Ce grand échassier chasse les poissons et les amphibiens en marchant lentement dans l'eau peu profonde. Quand l'occasion s'en présente, il mange aussi les petits animaux terrestres comme les souris et les taupes.

Plus rusée que le renard

En période de nidification, la grande aigrette vit en colonie. Elle construit son nid au ras du sol dans les grands champs de roseaux des marais. Les prédateurs terrestres, comme le renard, ne peuvent guère y pénétrer. Parfois, elle niche aussi dans les branches basses des saules.

Des petits Tanguy

Après l'éclosion, les jeunes restent encore 3 à 4 semaines au nid. Quand ils arrivent à le quitter pour la première fois, ils sont encore très malhabiles. Incapables de voler, ils se déplacent en grimpant et escaladant leur environnement.

— Tenue nuptiale

Petite aigrette —

Aigrette garzette
L'aigrette garzette est aussi blanche comme neige que la grande aigrette mais fait facilement 40 centimètres de moins. En outre, vous reconnaissez cette petite sœur à ses pattes noires à doigts jaunes, son bec noir pendant toute l'année et deux plumes de parure ou aigrettes sur la tête pendant la période de reproduction.

Dans l'attente d'une colonie
Les cas de reproduction en Belgique sont très rares. De temps à autre, un couple est observé en plumage nuptial et en 2020 des amoureux de la nature ont même vu des jeunes s'envoler du nid. Il faudra quand même attendre que la première colonie se forme pour pouvoir compter la grande aigrette parmi les oiseaux nidifiant chez nous.

À prix d'or
La grande aigrette a été au bord de l'extinction au 19e siècle. Pourquoi ? Les modistes ornaient de leurs longues plumes blanches les chapeaux des élégantes, vendus à prix d'or.

HÉRON CENDRÉ

Ardea cinerea

Au début du siècle dernier, les pêcheurs avaient déclaré le héron cendré hors-la-loi, si bien qu'il avait pratiquement disparu de la nature. Heureusement, le plus grand héron d'Europe est aujourd'hui présent partout où il y a de l'eau !

— Adulte

— Adulte avec des jeunes au nid

84-102 cm	
155-175 cm	
toute l'année	
près des eaux douces et saumâtres	
poissons, amphibiens, souris	
5 ans	
**	

Bave de crapaud —

5 TRAITS CARACTÉRISTIQUES

1. Oiseau gris clair au ventre blanc grisâtre
2. Marques noires très visibles au-dessus de l'œil, sur le devant du cou et sur le haut des ailes
3. Fine huppe noire à l'arrière de la tête et grand bec jaune qui se colore d'orange en période de couvaison
4. Cou replié en forme de S au repos et en vol
5. Cris rauque et sonore pendant le vol

SON

Une tête marquée
Le look d'un héron cendré adulte combine le contraste et l'élégance : une tête blanche comme neige avec un épais trait noir qui commence derrière l'œil et se prolonge dans une huppe de fines plumes. Plus le héron est jeune, plus sa tête est gris foncé et moins son œil est maquillé de noir.

☐ Vu le	......../......../20.....

La puissance d'un Boeing

Le héron cendré vole haut dans le ciel avec le cou replié et les pattes étendues. Cela permet de le distinguer clairement des cigognes et des grues. Il peut parcourir de longues distances à coups d'ailes lents et puissants.

La détente du cou

On ne peut voir avec précision la longueur de son cou que quand le héron guette sa proie. Il se tient parfaitement immobile dans une eau peu profonde, souvent avec le bec juste au-dessus de la surface. Il attend patiemment le passage d'un délicieux poisson qu'il saisit en un éclair d'une brusque détente du cou.

Faire passer l'arête

C'est toujours le menu poisson qui a sa préférence. L'acide gastrique de l'estomac du héron est capable de dissoudre complètement les arêtes. Le héron apprécie aussi de temps en temps d'autres animaux aquatiques et même des taupes et des souris. Il régurgite les poils de mammifères en pelotes de réjection.

— Adulte

En vol —

« Bave de crapaud »
Ou « morve de sorcière » : encore une réjection du héron. Cette trace animale apparaît comme une substance blanche gélatineuse au bord de l'eau. Un héron qui laisse cette trace derrière lui a ingurgité une dame crapaud ou grenouille enceinte. Et ses œufs lui pèsent sur l'estomac : ils gonflent et prennent trop de place. Berk !

Animal social
L'espèce niche en colonies au sommet de hauts arbres ou sur une petite île au milieu de l'eau. Le mâle apporte les matériaux de construction et la femelle bâtit le nid. Ils couvent et nourrissent à tour de rôle. Les jeunes sont indépendants après 9 semaines.

Pas fan du froid
Les hérons cendrés sont partiellement migrateurs : certains partent vers le sud en hiver, mais de plus en plus d'individus font le pari d'hiverner ici. S'ils ne sont pas surpris par une période de gelée intense, leurs chances de survie sont très grandes.

Nager ?
De temps à autre, vous rencontrez un héron en train de nager. Il a l'air plutôt gauche et fait vraisemblablement fuir tous les poissons. Nager n'est pas une chose que le héron fait de gaieté de cœur, mais c'est un truc de survie utile pour un oiseau toujours aussi proche de l'eau.

TOURNEPIERRE À COLLIER

Arenaria interpres

Ce coureur de grèves coloré prend la recherche de nourriture très au sérieux. Il retourne tout ce qu'il trouve sur la plage, dans l'espoir de dénicher des délices en dessous.

— Couple en plumage d'été

— Plumage d'hiver

— En vol

— Fourrageant

Taille	**20-25 cm**
Envergure	**43-49 cm**
Période	**toute l'année, surtout en hiver**
Lieu	**territoires côtiers, surtout entre Nieu-port et Blankenberge**
Nourriture	**insectes, vers, mollusques...**
Longévité	**6,5 ans**
Observation	******

5 TRAITS CARACTÉRISTIQUES

1. Été : plumage orangé et noir
2. Hiver : dominante gris brun
3. Toujours : ventre blanc, marques foncées sur la poitrine et la tête
4. Pattes courtes orangées et bec sombre
5. Dessin coloré remarquable en vol

SON

Transformiste

Quand on compare la tenue d'été à celle d'hiver du tournepierre, on a du mal à croire qu'il s'agit du même oiseau. Et quand il s'envole, c'est de nouveau un tout autre oiseau. C'est dû aux nombreuses marques blanches qui n'apparaissent que quand le tournepierre ouvre les ailes.

Hôte d'hiver

Cette espèce ne nidifie pas dans notre pays, mais chaque année 1000 à 1500 tournepierres viennent passer l'hiver à la côte. Vous pouvez aussi les voir arriver en plein été. Ils s'installent près des jetées et des brise-lames, leurs spots favoris pour chercher de la nourriture.

Moules et frites

Les tournepierres cherchent souvent leur bonheur sur les bancs de moules, qui émergent à marée basse. À marée haute, il y a moins de nourriture à trouver et ils osent s'aventurer parmi les gens. Il n'est pas rare de les voir profiter d'un sachet de frites abandonné.

☐ **Vu le**	......../......../**20**.....

HIBOU DES MARAIS (BRACHYOTE)

Asio flammeus

Pour observer le très rare hibou des marais ou brachyote, il faut avoir beaucoup de chance. Et pourtant, il vole à découvert et bas dans le paysage à la saison de reproduction.

— En vol

— Adulte en train de bailler

33-40 cm

95-110 cm

toute l'année

terrain dégagé

souris, campagnols

4 ans

*****

5 TRAITS CARACTÉRISTIQUES

1. Plumage brun-jaune avec des marques noires et une face beige clair
2. Grands yeux jaunes entourés d'une tache noire
3. Poitrine rayée et ventre uni
4. Bord blanc à l'arrière des ailes, pointes des ailes noires
5. À la saison des amours, le mâle ulule de façon rapide : « ou-ou-ou-ou-ou »

SON

Un hibou rare

Le hibou des marais vit dans des paysages découverts avec un peu de végétation, comme les dunes, landes, marais et fagnes. À la saison de reproduction, on peut le voir chasser pendant la journée, mais il nidifie rarement dans notre pays et alors surtout dans les polders.

Nomade itinérant

Si un hibou des marais vient nicher quelque part, il est hautement improbable qu'il y revienne ensuite. Ce hibou a fait du vagabondage éternel sa marque de fabrique : il est toujours à la recherche d'un endroit où pullulent les campagnols.

« Regarde : sans les mains ! »

Pendant son vol de parade, on dirait que le mâle joint les mains sous son corps. Il glisse haut dans l'air et replie soudain ses ailes sous le ventre en les claquant en rythme l'une contre l'autre. Cette acrobatie aérienne est typique des nicheurs au sol.

Nid de hibou

Contrairement aux autres hiboux, le brachyote se retrousse les manches pour la construction. La femelle creuse une cuvette dans le sol avec ses serres. Elle y couve seule les œufs tandis que le mâle garde un œil ouvert.

Le cycle des souris

Le hibou des marais planifie ses amours en fonction de l'offre de nourriture. Plus la population de souris est importante, plus il produit d'œufs. Dans une période où il y a peu de souris, il s'octroie une année sabbatique.

☐ **Vu le**	......../......../**20**.....

HIBOU MOYEN-DUC

Asio otus

Le moyen-duc se repose l'hiver en altitude avec une bande de copains. Arriverez-vous à le voir sur son perchoir ?

— Adulte

31-37 cm

86-98 cm

toute l'année

forêts, parcs, allées, champs

souris des champs

3,5 ans

*****

En alerte —

5 TRAITS CARACTÉRISTIQUES

1. Corps brun jaune strié, ventre aussi entièrement strié
2. Longues plumes « d'oreilles » (pas toujours dressées)
3. Grands yeux orange
4. S'étire en longueur pour se camoufler
5. Le mâle moyen-duc chante un simple « hou-hou »

Le grand-duc en petit

Quand il est difficile d'évaluer sa taille, la confusion avec le hibou grand-duc est vite faite. Il y a cependant quelques différences évidentes : le moye-duc a des « sourcils » blancs et de longues ailes qui atteignent le bout de la queue au repos.

Aigrettes décoratives

Les « oreilles » dressées sur sa tête n'ont rien à voir avec les organes de l'ouïe. Ce sont des aigrettes de plumes qu'il redresse très fort quand il est inquiet ou veut impressionner ses congénères. Elles ont aussi une fonction de signal pendant la parade nuptiale.

Chasseur de souris

À la nuit noire, le moyen-duc part à la chasse. Il utilise surtout son ouïe exceptionnelle et sait concentrer et amplifier les sons avec son disque facial comme avec une parabole. Les oreilles sont situées de part et d'autre de la tête et peuvent parfaitement localiser une souris qui se faufile quelque part.

SON

Repos haut perché
L'hiver, vous pouvez rencontrer le moyen-duc en petites troupes, mais il faudra faire preuve de talents d'observation élevés. Ils se reposent sur des « perchoirs » bien protégés des regards. Leur camouflage est quasi infaillible, mais leurs pelotes de réjection et leurs fientes ne sont pas loin.

Chut, ici dort un hibou
Un moyen-duc vous a en ligne de mire et il s'étire de toute sa taille sur son perchoir ? Prenez vos distances et laissez-le tranquille. Même si ces oiseaux viennent dormir dans le voisinage des gens, ils n'aiment pas être dérangés.

Hou ?
Par une nuit rigoureuse de fin d'hiver, entendez-vous quelqu'un répéter un « hou » régulier d'une voix douce et étouffée ? Il s'agit peut-être d'un mâle moyen-duc à la recherche d'une femelle. Les oiseaux des deux sexes exécutent aussi un vol de parade acrobatique en claquant fortement leurs ailes sous leur ventre.

— Camouflage

— Sur son perchoir

En accrobranche —

Recherche squat

Les moyens-ducs ne font pas leur nid eux-mêmes. Ils préfèrent squatter des nids de pies, de corneilles, de rapaces et même de hérons. La femelle couve au gite tandis que le mâle lui assure le couvert.

Parcours d'accrobranche

Les jeunes quittent déjà le nid trois semaines après l'éclosion. Ils ne savent pas encore voler mais passent de branches en branches et d'arbres en arbres. Les parents continuent à les nourrir pendant ce temps.

Des souris et des hiboux

Le moyen-duc a une alimentation plutôt monotone et est très dépendant des populations de souris, surtout des campagnols. Le maintien des populations de souris des champs est donc bénéfique à cet oiseau. Les nids artificiels peuvent aussi lui être d'un grand secours.

☐ **Vu le**	......../......../20.....

CHOUETTE CHEVÊCHE

Athene noctua

Ne vous laissez pas tromper par les photos : cette petite chouette est à peine de la taille d'un merle. Toutefois, avec son plumage ébouriffé, elle évoque plutôt un pigeon de petit format.

— Adulte

23-27 cm

50-58 cm

toute l'année

paysages agricoles

insectes, vers, amphibiens, reptiles

2,5 ans

****

5 TRAITS CARACTÉRISTIQUES

1. Plumage brun grisâtre rayé et marbré de crème (dans un sens différent sur le ventre)
2. Menton clair et sourcils marqués
3. Plumes blanches sur les pattes
4. Grands yeux jaunes
5. Vol ondulé (comme un pic)

Oiseau rural

La chouette chevêche est étroitement liée au paysage agricole. Vous la rencontrez parfois prenant le soleil sur un piquet de prairie. Elle n'est pas seulement là pour la vitamine D : c'est une base de décollage idéale pour une attaque surprise.

Casanière

Quand elle a jeté son dévolu sur un territoire, la chevêche s'y installe pour toujours. Une cour de ferme à proximité de prairies, talus boisés, haies et vergers, c'est pour elle le summum du confort. L'oiseau est aussi attaché à sa ou son partenaire : les couples de chevêches sont souvent formés pour la vie.

Un chouette couple

En avril ou mai, la femelle pond ses œufs dans un vieil arbre creux. La chevêche utilise aussi parfois des renfoncements de bâtiments ou des nichoirs spéciaux. La mère couve les œufs puis tient ses poussins au chaud tandis que le père s'occupe du ravitaillement.

Deux visages

La chouette chevêche a l'arrière de la tête tellement marqué qu'il semble vous regarder en plissant les yeux. Il arrive de rencontrer la chevêche pendant la journée, mais elle est surtout active au crépuscule.

C'est surtout à l'automne et au tout début du printemps que vous pouvez entendre le cri caractéristique de la chevêche marquant son territoire.

SON

☐ **Vu le**	......../......../20....

BUTOR ÉTOILÉ

Botaurus stellaris

Proche du héron, cet oiseau mystérieux est quasi invisible malgré sa grande taille, grâce à ses excellentes techniques de camouflage.

— Adulte

69-81 cm	
100-135 cm	
toute l'année	
massifs de roseaux	
poissons, amphibiens, insectes	
4 ans	
****	

5 TRAITS CARACTÉRISTIQUES

1. Genre de héron à cou épais
2. Plumage brun jaunâtre à dessin plus foncé
3. Calotte noire et ligne noire du bec jusqu'au cou
4. Se tient comme un piquet en tendant le bec
5. Cri de trompette de brume au printemps

SON

Dans le silence du matin

Dressez l'oreille pour entendre l'appel nuptial sonore du butor étoilé, qui porte sur des kilomètres à la ronde. Vous entendrez le mâle le lancer de début avril à début juin, juste avant l'aube. Mais vous avez peu de chances de le voir, cet oiseau est un as du camouflage.

Bec pointé vers le haut

En cas d'alerte, le butor étoilé s'immobilise entre les roseaux, cou, tête et bec pointés vers le haut. Les rayures de son cou se fondent parfaitement dans l'environnement. En se balançant tout doucement, l'oiseau imite le mouvement des roseaux.

Silhouette de rapace

En vol, vous pouvez aisément confondre le butor étoilé avec un rapace comme le grand-duc ou la buse. Faites attention au cou rentré, aux larges ailes, à l'avant lourd et aux pattes pendantes.

Acrobate dans les roseaux

De ses longs doigts, le butor étoilé s'accroche fermement dans les roseaux. Il scrute ainsi son environnement à la recherche de proies. Il pêche aussi en eau peu profonde, avec la pointe du bec juste en dessous de la surface. Il aime tout ce qui est petit et d'origine animale, comme les poissons, amphibiens, souris et insectes.

Polygame

La femelle du butor étoilé fait un nid de vieux roseaux. Elle y pond tous les deux jours un œuf, tout en commençant à couver dès le premier. Le mâle se partage entre plusieurs dames et ne s'occupe généralement pas de sa progéniture, sauf s'il s'est engagé dans une relation monogame.

☐ Vu le	......../......../20.....

HIBOU GRAND-DUC

Bubo bubo

Le grand-duc est le plus grand des hiboux. Non seulement en Europe, mais dans le monde entier. En anglais, on l'appelle donc aussi *eagle owl*, autrement dit « hibou aigle ».

— Adulte

59-73 cm

160-188 cm

toute l'année

forêts et paysages ouverts

moyens mammifères et oiseaux

5 ans

*****

Avec une proie —

5 TRAITS CARACTÉRISTIQUES

1. Dos de jaune à roux, rayé et barré de brun foncé
2. Ventre brun clair avec lignes verticales plus foncées et fines rayures horizontales
3. Yeux orange vif et bec noir
4. Aigrettes brun foncé, mesurant jusqu'à 8 cm
5. Une tache blanche est visible sur sa gorge quand il crie son « bou-hou »

SON

Parfaitement camouflé

Sa tenue de camouflage est si parfaite qu'il est difficile à observer. Pendant la journée, le grand-duc se repose dans les arbres, les buissons ou sur les rochers. Quand ses yeux sont fermés, rien ne trahit sa présence. Vous l'entendrez plus vite que vous ne le verrez. Ou peut-être trouverez-vous une de ses pelotes de réjection : elles font dans les 7 centimètres de long.

Localisation ultra-secrète

Chaque passionné d'oiseaux rêve d'observer un grand-duc, mais ses habitats sont gardés strictement secrets pour éviter qu'il ne soit dérangé. Nous pouvons quand même vous révéler qu'il est présent dans toutes les provinces belges, à l'exception de la Flandre Occidentale.

Il se met en boule

Quand il se sent menacé, le grand-duc gonfle agressivement ses plumes. Il baisse la tête tout en redressant les épaules, ce qui lui donne l'aspect d'une grosse boule. Pour rendre le tout encore plus inquiétant, il se balance doucement en faisant vibrer ses plumes.

Omnivore

Le grand-duc ne pose pas d'exigences très spéciales concernant son habitat, si ce n'est de lui offrir suffisamment à manger. Son menu principal est composé de lapins, lièvres, hérissons, pigeons et oiseaux d'eau. Mais des victimes nettement plus grandes peuvent aussi y figurer, comme des hérons, chouettes, buses, faucons et même jeunes renards et chevreuils.

Nicheur opportuniste

Par nature, le grand-duc recherche les parois rocheuses et les collines abruptes pour y faire son nid. Mais parfois, il niche aussi sur le sol, dans d'anciens nids de rapaces ou dans des carrières. Les grands-ducs qui ont été élevés en captivité choisissent parfois même de s'établir en ville.

Rien n'est simple

C'est à l'automne que le grand-duc se reproduit et que les couples se forment. Il n'est pas rare qu'un mâle entretiennent plusieurs ménages dans la même saison. Il montre le nid douillet préparé de ses propres mains à sa conquête. Il lui apporte aussi des proies pour la convaincre de ses talents de futur père.

— Silhouette

En vol —

Répartition des risques
Maman grand-duc commence à couver dès qu'elle a pondu son premier œuf. Elle pond ensuite un nouvel œuf tous les deux jours, de 2 à 5 œufs au total. Il y a donc une grande différence d'âge entre les jeunes. Quand il n'y a pas assez de nourriture, le dernier-né est abandonné à son triste sort.

L'ennemi n° 1 du grand-duc
Le grand-duc n'a pas d'ennemis naturels chez nous, mais il souffre cruellement de la présence humaine. Il est facilement victime de la circulation automobile car il est vite aveuglé par les phares. Il est aussi extrêmement sensible aux pesticides qui passent dans son organisme quand il mange toutes sortes de petites bêtes.

☐ **Vu le**	.... /........ /**20**.....

BUSE VARIABLE

Buteo buteo

La buse variable est le rapace le plus présent dans notre pays, il est donc plutôt facile de l'observer.

— Adulte au plumage clair

— Adulte au plumage foncé

— En vol

— Buse pattue

Taille	51-57 cm
Envergure	113-128 cm
Période	toute l'année
Habitat	forêts, bois et champs
Nourriture	petits mammifères
Longévité	10 ans
Observation	***

5 TRAITS CARACTÉRISTIQUES

1. Rapace un peu trapu qui apparaît dans toutes les nuances de brun, du presque noir au presque blanc
2. Peu de cou, ailes larges, queue en éventail
3. Bec noir crochu à base jaune
4. Poitrine et queue striées, légère bande à hauteur de la poitrine
5. Bord foncé sur le dessous des ailes et de la queue, bout des rémiges noir

☐ **Vu le** .... /........ /20.....

Cousine occasionnelle
La buse variable peut présenter une couleur si claire qu'on la confond souvent avec la buse pattue : un oiseau migrateur plutôt rare qui vient parfois passer l'hiver ici. Cette cousine a toutefois la base de la queue blanche et un ventre plus foncé.

Chasseresse fainéante
La plupart du temps, la buse variable attend sur un piquet le moment où elle va pouvoir frapper. C'est une véritable opportuniste qui se contente de ce que la nature lui offre. Une buse qui se poste près d'une autoroute est à la recherche de charognes. Cette forme de chasse passive lui permet d'économiser pas mal d'énergie. De temps en temps, on peut la voir faire du surplace en l'air, surtout en été.

Séduction ou dissuasion ?
Dès le mois de février, les couples de buses commencent à décrire des cercles dans le ciel. En exécutant leur parade amoureuse, elles montent très haut dans le ciel pour se laisser glisser vers le bas comme dans des montagnes russes. Les couples fidèles indiquent ainsi quel est leur territoire à tous ceux qui veulent le voir.

Haut et au sec
Elles bâtissent leur nid dans de hauts arbres, de préférence à l'orée de la forêt. Un nid de buse est un impressionnant ouvrage de 1 mètre de diamètre.

Maman hélicoptère
Mieux vaut ne pas partir à la recherche de son nid, car la buse variable est très centrée sur ses enfants. Il ne se passe pas une année sans que l'on ne rapporte un cas de « buse agressive » qui ne faisait en fait que défendre sa progéniture.

Surtout au printemps, vous pouvez entendre « miauler » la buse variable du haut du ciel. Vous la rencontrez souvent posée sur un piquet de prairie ou d'autres postes d'observation. En vol, vous la reconnaissez aux cercles qu'elle décrit en prenant les courants ascendants

SON

BÉCASSEAU VARIABLE

Calidris alpina

Cet oiseau bigarré est un de nos plus petits bécasseaux et se rencontre souvent le long de la côte, parfois même à l'intérieur des terres.

— Plumage d'été

— Plumage d'hiver

— Fourrageant

17-21 cm

32-40 cm

toute l'année

marais et vasières côtières

petits animaux

5 ans

**

5 TRAITS CARACTÉRISTIQUES

1. Petit bécasseau à pattes noires
2. Long bec sombre dont la pointe plonge un peu vers le bas
3. En vol : petites barres blanches sur les ailes et barre noire sur la queue et le croupion
4. Tache ventrale noire en été
5. Émet des roulades et des trilles

SON

Habit d'hiver

En hiver, la tache ventrale caractéristique disparaît et les oiseaux portent un plumage grisâtre plus sobre sur le dos, avec le ventre blanc et le bord des plumes blanc à l'arrière des ailes. Les juvéniles ont des taches noires sur les flancs et une bande blanche juste au-dessus.

Amoureux du Grand Nord

Les bécasseaux variables se reproduisent du Grand Nord jusqu'en Grande Bretagne. Ils hivernent dans pratiquement toutes les régions côtières de l'hémisphère nord. Chez nous, vous pouvez donc le voir comme hôte d'hiver ou comme hôte de passage en cours de migration. En été, vous rencontrez aussi des oiseaux qui ne nidifient pas (encore) cette année-là.

Oiseau lié à la marée

C'est surtout à la côte que vous pouvez voir le bécasseau variable occupé à se nourrir. Comme il y dépend du flux et du reflux, il chasse aussi bien la nuit que le jour. De son long nez, il fouille le sol en eau peu profonde pour trouver ses proies au toucher.

Déjeuner en groupe

Le bécasseau variable ne niche pas en colonies, mais en dehors de la période nuptiale, il recherche la compagnie de ses congénères. On le voit ainsi voler au-dessus de l'eau ou chercher sa nourriture au sein de grands groupes. Il mange pratiquement toutes les petites bêtes : du moustique à l'araignée, du ver au coquillage.

Aussi près des eaux douces

Au-delà des zones côtières, le bécasseau variable va aussi se reposer à l'intérieur des terres. Ne vous étonnez donc pas d'en rencontrer un dans une prairie humide avec beaucoup de flaques. Changer d'air fait du bien ?

☐ Vu le	......../......../20....

ENGOULEVENT D'EUROPE

Caprimulgus europaeus

Cet oiseau étrange se laisse à peine voir, mais révèle sa présence par son trille ronronnant hypnotique.

— Sur une branche

— Adulte

— Nid

24-28 cm

52-59 cm

de mai à septembre

landes de la Province d'Anvers et du Limbourg

insectes volants

4 ans

*****

5 TRAITS CARACTÉRISTIQUES

1. Oiseau gris brun moucheté
2. Rayures beiges sur les ailes
3. Rayures plus fines sur la poitrine et le ventre de couleur plus claire
4. Le mâle a un collier blanc et des taches blanches sur les ailes et le bout de la queue
5. Émet des sons gutturaux métalliques pendant la parade

SON

Camouflage parfait
L'engoulevent est pour ainsi dire invisible quand il se repose sur une branche ou sur le sol. Quand il nettoie son plumage, il ne bouge pas la tête dans un rythme régulier, mais de manière imprévisible, comme une feuille emportée par le vent.

Vol de parade
Les mâles draguent de manière spectaculaire en exhibant leurs taches blanches. Ils montent et descendent en vol rapide, s'immobilisent parfois en vol sur place et font beaucoup de bruit en claquant les ailes l'une contre l'autre. Entre-temps, ils font entendre un son ronronnant qui peut durer des minutes.

Nicheur au sol
L'engoulevent ne consacre pas trop d'attention à l'aménagement de son nid. Une cuvette sur un sol nu mais protégé lui suffit amplement. Dès leur plus jeune âge, les poussins peuvent compter sur leur couleur de camouflage pour passer inaperçus.

Simuler pour protéger
Si un danger s'approche quand même du nid, les parents simulent une paralysie de l'aile pour détourner le prédateur de leur progéniture.

Chasseur nocturne
Dès qu'arrive le crépuscule, l'engoulevent part à la chasse aux insectes volants. D'abord à proximité de son nid. Plus tard dans la soirée, il vole vers des garde-manger plus lointains, souvent aux environs de l'eau.

Vision nocturne
Pour détecter ses proies, l'engoulevent fait confiance à ses yeux qui s'ouvrent largement la nuit et lui assurent une excellente vision nocturne. Il attrape surtout de grands insectes comme les papillons de nuit et coléoptères.

☐ **Vu le**	......../......../20.....

CHARDONNERET ÉLÉGANT

Carduelis carduelis

Avec son superbe masque rouge, vous ne pouvez pas le confondre : un point d'attraction dans votre jardin !

— Adulte

— Agilité exigée

— Jeune

12-13,5 cm

21-25 cm

toute l'année

paysages ruraux, villages, jardins

graines

2 ans

**

5 TRAITS CARACTÉRISTIQUES

1. Tache rouge sur la face, bec aigu et fort
2. Petite casquette noire qui se prolonge en deux parties de chaque côté du cou
3. Grande bande alaire jaune sur les ailes noires et blanches
4. Queue noire à taches blanches
5. Chant limpide et répété sur trois notes

SON

Les jeunes chardonnerets se reconnaissent tout de suite à leurs ailes blanc-jaune-noir, mais leur tête n'a pas encore son dessin et sa couleur rouge caractéristiques.

Les chardons lui ont donné son nom

Le nom de chardonneret lui vient d'une des plantes qu'il visite avec le plus d'enthousiasme pour en piquer les graines en voletant, sans craindre ses capitules épineux. La bardane et la centaurée figurent aussi à son menu.

Amateur de graines de fleurs

Le bec du chardonneret est un peu plus grand que celui des tarins et linottes, ce qui lui permet d'aller chercher des graines dans des endroits difficiles. Par exemple, dans une fleur de chardon ou entre les écailles d'une pomme de pin. Il trouve son régal absolu dans les fleurs de cardère.

Agilité exigée !

Pour arriver jusqu'aux graines, il ne suffit pas d'avoir un bec aiguisé. Le chardonneret plie son corps dans tous les sens et se suspend souvent tête en bas pour accéder à ses délices.

Partage équitable

Quand il a des jeunes, le mâle apporte de la nourriture à sa moitié. Celle-ci la répartit entre la nichée, tout en prélevant sa bouchée au passage. Après une semaine, le mâle nourrit directement ses petits.

☐ Vu le	......../......../20.....

VERDIER D'EUROPE

Chloris chloris

Le verdier se sent parfaitement chez lui dans nos villes, où il se nourrit aux mangeoires et niche dans les plantes grimpantes des murs.

— Mâle adulte

— Femelle

— Dans un buisson

14-16 cm
24,5-27,5 cm
toute l'année
lisière de forêt, ville
graines, baies
2,5 ans
*

5 TRAITS CARACTÉRISTIQUES

1. Oiseau vert mousse avec des nuances de gris
2. Ombre foncée autour de l'œil
3. Marques jaune canari sur les ailes et la queue
4. Bec court et robuste de couleur claire
5. Chant composé de trilles et roulades fortes, semblable à celui du canari

SON

La femelle a un dos brunâtre avec des rayures peu distinctes. De plus, ses marques jaunes sont moins affirmées.

Oiseau des villes

Le verdier est devenu un véritable oiseau des villes, où il profite largement des mangeoires bien garnies. Il adore les graines et les cacahuètes, qu'il casse de son gros bec conique. Mais vous pouvez aussi le voir cueillir les aigrettes portant les graines d'une fleur de pissenlit. L'hiver, il vient visiter en bande les jardins où il est nourri.

Sérénade du haut d'un arbre

Avant que l'hiver n'ait quitté le pays, le mâle se met déjà à chanter au sommet des grands arbres. Il essaie ainsi de s'attirer une ou plusieurs femelles. L'accouplement a lieu en avril ou en mai.

Qu'est-ce qui bruisse à travers le feuillage ?

Quand les arbres et buissons sont couverts de feuilles, le verdier est difficile à y observer. Il aime les feuillages épais comme les conifères, les haies d'aubépine et les murs de lierre où il fait son nid bien dissimulé.

Fou de gratte-cul

À la fin de l'été, le verdier visite les églantiers dont il raffole des fruits rouges. Contrairement aux plus petits passereaux, il peut ouvrir les cynorhodons grâce à son bec puissant et se régaler de poil à gratter.

☐ Vu le	......../......../20.....

MOUETTE RIEUSE

Chroicocephalus ridibundus

Notre mouette la plus commune n'est pas toujours simple à identifier : de juvénile à adulte, de l'été à l'hiver, elle a une tenue pour chaque circonstance !

— Plumage d'été

— Plumage d'hiver

— Juvénile

— Colonie

35-39 cm

86-99 cm

toute l'année

près des eaux douces et salées

petits animaux, déchets

11 ans

*****

5 TRAITS CARACTÉRISTIQUES

1. Été : tête brun chocolat (nuque blanche)
2. Hiver : tête blanche avec « oreillettes » grises
3. Toujours : lisière blanche des ailes
4. Pattes et bec rouge foncé, le bout du bec est plus foncé en hiver
5. Pousse un cri rauque et ricanant, d'où son nom

SON

Jeunes bigarrés

Se plonger dans l'identification des mouettes peut vous en faire voir de toutes les couleurs. Les jeunes mouettes rieuses passent par plusieurs combinaisons de teintes avant de devenir adultes, commençant par des nuances de beige et d'ocre avant d'évoluer vers le blanc et gris.

Puissance de masse

Les mouettes rieuses se rassemblent pour nidifier. Par milliers, voire dizaines de milliers, elles créent des colonies bruyantes auprès de l'eau. Mais au cœur de cette masse, elles ont un comportement monogame. Chaque couple fait son nid sur le sol, au bord ou à proximité du plan d'eau.

Ne pas déranger S.V.P.

Les mouettes n'ont pas trop bonne réputation et sont vite considérées comme semeuses de troubles. Quoiqu'elles n'aient pas peur des hommes, elles cherchent quand même des lieux paisibles pour couver en paix. Aujourd'hui, elles choisissent même des étangs industriels plutôt que des eaux naturelles.

Omnivore

La mouette rieuse n'est vraiment pas difficile sur le plan de l'alimentation, sauf quand elle doit nourrir ses petits. Elle cherche alors des proies riches en protéines comme des larves, des vers, des petits poissons, des œufs et des souris. L'hiver, elle se facilite la vie en piquant ci et là des déchets. C'est pourquoi elle déménage si facilement vers l'animation des villes.

☐ **Vu le**	......../......../20.....

CIGOGNE BLANCHE

Ciconia ciconia

La cigogne blanche est notre plus grand oiseau nicheur, et en plus elle construit son nid dans un endroit bien visible. Vous ne pouvez presque pas la rater.

— Adulte

100-115 cm

180-218 cm

de février
à septembre

sur de hauts bâtiments près de prairies humides

insectes, petits mammifères, amphibiens

15 ans

**

Nid de cigognes sur un toit —

5 TRAITS CARACTÉRISTIQUES

1. Oiseau élégant aux longs cou, bec et pattes
2. Plumage blanc, pennes des ailes noires
3. Pattes et bec rouges
4. Pattes et cou tendus en vol
5. Fait claquer son bec

SON

Chambre avec vue
Les cigognes blanches nichent souvent dans le voisinage des gens. Elles construisent leur nid haut perché sur des cheminées, des clochers, le sommet de hauts arbres ou des pylônes de haute tension. Elles ont peu d'ennemis naturels et ne craignent donc pas d'être vues.

Travaux d'entretien annuels
La plupart des couples se jurent fidélité et se retrouvent chaque année après la migration sur leur nid conjugal. Celui-ci a droit chaque année à des travaux d'aménagement et d'extension, jusqu'à des structures de 2,5 mètres de diamètre.

Parades nuptiales sonores
Pour se faire mutuellement la cour, les cigognes replient leur long cou en arrière et claquent bruyamment du bec. Le mâle revient souvent du sud le premier et attend sa moitié sur le nid pour l'accueillir avec cette sérénade.

☐ Vu le	......../......../20.....

Poussins gris

Une famille de cigognes blanches élève de 3 à 5 jeunes. Ils portent un duvet gris, les pattes et le bec sont noirs. Les cigogneaux n'éclosent absolument pas en même temps. Le dernier de la série est le plus vulnérable : quand ils ne trouvent pas assez de nourriture pour bien faire grandir tout le monde, les parents le sacrifient.

Oiseau en progression

La cigogne blanche a connu un long déclin, provoqué entre autres par l'assèchement de son biotope et l'utilisation de pesticides. Heureusement, elle est aujourd'hui complètement réintroduite, grâce notamment aux grands efforts du Zwin et de Planckendael.

Villages de cigognes

Les succès de reproduction des cigognes blanches sauvages sont encore assez rares dans notre pays, d'où la nécessité de compléter leur population par des oiseaux nés dans des « villages de cigognes » et rendus à la vie sauvage. Dans ces lieux, les oiseaux se reproduisent en captivité, mais les jeunes peuvent ensuite prendre la route du sud.

— Les jeunes au nid

En train de craqueter —

Elle apporte le printemps

La cigogne n’est pas seulement connue comme légendaire livreuse de bébés, c’est aussi un des premiers oiseaux migrateurs arrivant ici en février. Elle revient de plus en plus tôt de son lieu d’hivernage. C’est dû au fait qu’elle n’émigre plus complètement vers l’Afrique mais s’arrête souvent dans le sud de l’Europe. Elle doit donc voler moins longtemps et est plus vite de retour « à la maison ».

Vol à voile et vol plané

Pour pouvoir parcourir de longues distances sans s’épuiser, ce grand oiseau utilise les courants thermiques. Il se laisse porter par les courants chauds ascendants puis plane en limitant strictement le nombre de ses battements d’ailes.

CIGOGNE NOIRE

Ciconia nigra

La très rare cigogne noire mène un style de vie nettement plus discret que celui de sa cousine blanche.

— Adulte

— Jeune

90-105 cm

173-205 cm

de mars à octobre

au sud du Sillon Sambre et Meuse, dans les zones humides de forêts anciennes

poissons, amphibiens, escargots, insectes aquatiques...

10 ans

*****

5 TRAITS CARACTÉRISTIQUES

1. Oiseau élégant aux longs cou, bec et pattes
2. Plumage noir aux reflets bronze et violet
3. Aisselles, culotte et ventre blancs
4. Pattes et bec rouges, œil cerclé de rouge
5. Émet des bruits de rapace pendant les parades

☐ Vu le .... /........ /20.....

Les poussins de la cigogne noire ressemblent à un négatif de leurs parents : duveteux et blancs, avec un bec légèrement orangé et l'œil cerclé de noir. Quand ils troquent leur duvet pour des plumes de vol, leur dessin noir et blanc apparaît aussi, mais toujours sans la couleur vive des pattes et du bec.

À la chasse en eau peu profonde

Quand vous rencontrez une cigogne noire en train de chasser, elle se promène la plupart du temps à pas lents dans une eau peu profonde, en gardant la tête baissée. Elle tue ses proies d'une frappe rapide de son bec aigu.

Monogamie sérielle

D'avril à mai, la cigogne noire se reproduit en Ardenne. Les couples appliquent la distanciation sociale : ils gardent au moins un kilomètre de distance entre leurs nids. Au cours d'une même saison, les cigognes noires sont strictement fidèles à leur partenaire, mais l'année suivante tout est de nouveau possible.

Partage des tâches

Les trois à cinq œufs sont couvés à tour de rôle. Le nid est aussi défendu en alternance contre les rapaces, tandis que l'autre partenaire part à la chasse.

SON

BUSARD DES ROSEAUX

Circus aeruginosus

Le nom scientifique du busard est *circus*, ce qui évoque bien les acrobaties aériennes dont ce rapace est capable.

— Offrande de proie

Longueur	43-55 cm
Envergure	115-140 cm
Période	de mars à octobre
Habitat	roselières, surtout dans le Westhoek
Nourriture	petits mammifères, jeunes oiseaux, amphibiens, insectes
Longévité	5 ans
Observation	***

En vol —

5 TRAITS CARACTÉRISTIQUES

1. Rapace élancé
2. Longues ailes et queue
3. Longues pattes jaunes
4. Plane avec les ailes en V caractéristique
5. Émet un « wie-IE, wie-IE » nasal pendant la parade nuptiale

Mâle ou femelle ?
Le mâle est couleur châtain avec une queue gris bleu et la tête et la poitrine jaunes. Les ailes sont aussi en partie d'un gris bleu. La caractéristique la plus remarquable est la coloration pâle du dessous des ailes avec le bout des plumes noir.
La femelle est entièrement vêtue de brun, avec une tête blanc cassé à l'exception du masque oculaire. Il y a aussi un peu de blanc à la base des ailes.

D'autres busards
Dans notre pays, on peut aussi observer le busard cendré et le busard Saint-Martin. Seuls les vrais connaisseurs peuvent vraiment distinguer les femelles des trois espèces de busards. Les mâles livrent plus facilement leurs secrets.

— **Busard cendré**
Le mâle est entièrement gris bleu avec le dessous du corps plus pâle. Ici aussi, le bout des ailes est noir, mais on ne retrouve pas le bas du ventre plus foncé du busard des roseaux.

SON

— **Busard Saint-Martin**
Le mâle ressemble très fort à celui du busard cendré, mais c'est aux ailes qu'on peut voir la différence. Le mâle Saint-Martin a une ligne noire sur le dessus des ailes et deux lignes noires en dessous. Il n'a que 4 marques noires visibles au bout des rémiges, tandis que le busard des roseaux et le cendré en ont 5.

Cirque aérien

Le nom *circus* évoque les figures en forme de cercles que le busard décrit dans le ciel pendant la parade nuptiale. Le mâle se comporte comme un vrai casse-cou séducteur en plongeant vers la femelle. Il faut voir la manière spectaculaire dont il lui fait cadeau de proies tout en volant.

Ce n'est pas une buse

Le nom de ce rapace viendrait d'une altération du nom de *buson* ou buse. Mais sa fine silhouette ne ressemble pas à la structure massive de sa cousine de la même famille. Et il n'a sûrement pas la lourdeur d'esprit que l'on associe injustement au nom de celle-ci.

— Nid au milieu d'un champ

Busard cendré —

Busard Saint-Martin —

Au bord de l'eau

Le busard des roseaux séjourne de préférence dans les plaines et les marais où des roseaux lui offrent une retraite. La femelle fait de préférence son nid au ras du sol dans la protection des roseaux. À l'heure actuelle, le busard va aussi parfois s'installer dans des champs de céréales pour y nicher.

Lieux de nidification protégés

Le busard est très sensible si on le dérange au nid. Quand un nid est détecté sur un champ cultivé, l'agriculteur n'a pas le droit de faucher dans son environnement immédiat.

☐ **Vu le**	......../......../20.....

PIGEON RAMIER

Columba palumbus

Un oiseau qui donne du « lait » ? Eh oui : du lait de pigeon ! Avec cette substance magique, le pigeon ramier peut même se reproduire avec succès en hiver.

— Adulte

38-43 cm

68-80 cm

toute l'année

forêts, parcs, jardins

graines, baies

3 ans

*

En vol —

5 TRAITS CARACTÉRISTIQUES

1. Tache blanche de chaque côté du cou
2. Large barre blanche sur les ailes
3. Œil jaune
4. Fort bruit de battement d'ailes à l'envol
5. Roucoulement enroué sur cinq notes : « rouh-rou-rourou-rou »

Les jeunes n'ont pas encore de tache blanche sur le cou, mais en vol ils montrent leur barre blanche alaire bien reconnaissable.

L'oiseau pour débuter

Pour voir cet oiseau, il ne faut pas se donner beaucoup de peine : après quasi chaque promenade dans le bois, vous pouvez le cocher sur votre liste d'observation. En dehors des bois, les pigeons ramiers nichent aussi près de champs tout juste moissonnés, près des lieux de nourrissage des poules ou des oiseaux de jardins et même en ville.

Chercher les marques

Dès que vous savez à quoi faire attention, vous reconnaissez le ramier pour toujours. En vol, les barres blanches de ses ailes sautent aux yeux. Et au repos, c'est le seul pigeon arborant une tache blanche remarquable sur le cou.

SON

☐ Vu le	......../......../20.....

Migrer ou rester ?
Les pigeons ramiers qui nidifient dans notre pays y restent la plupart du temps pour l'hiver. Certains partent cependant vers le soleil, en France ou en Espagne. Des oiseaux venant du nord arrivent alors ici en migrant vers le sud, mais le nombre de migrateurs diminue car il y a de moins en moins de pigeons ramiers nordiques qui quittent leur territoire de nidification.

Des champs trop propres
Dans la nature, le pigeon ramier mange tous les bourgeons, baies et graines qu'il peut trouver. En ville, il profite aussi des déchets comestibles. En territoire agricole, les ramiers se régalent du maïs et autres céréales qui restent au sol après la moisson, mais les machines modernes laissent les champs de plus en plus propres si bien qu'ils trouvent moins à glaner.

Lait de pigeon
Dans son jabot, le pigeon ramier, tant mâle que femelle, peut produire un liquide semblable à du lait. Cette boisson énergisante lui permet d'élever des jeunes toute l'année, même en hiver (doux). Il peut avoir ainsi jusqu'à six nichées par an.

— Jeunes au nid

Les poussins sont nourris —

Parade nuptiale
Pour la parade, le pigeon ramier maîtrise toute une série de figures aériennes et terrestres. Il monte très haut en flèche, fait claquer ses ailes avec insistance et redescend ensuite en vol plané. Au sol, le mâle poursuit l'élue de son cœur. Quand elle s'arrête, il incline la tête et redresse fortement la queue.

Bien essayé
Les pigeons ne sont pas les meilleurs ouvriers du bâtiment. Ils travaillent dur, mais le résultat reste approximatif. De plus, ils n'ont pas vraiment le sens des fondations. Parfois le nid s'effondre parce que la branche d'appui est trop petite. Ils refont alors un nouvel essai.

À tour de rôle
Les pigeons ramiers limitent donc les risques en ne pondant la plupart du temps qu'un ou deux œufs. Le mâle couve pendant la journée et est remplacé la nuit par la future maman.

GRAND CORBEAU

Corvus corax

L'imposant grand corbeau est en train de faire son come-back. En Wallonie, il niche de nouveau depuis les années 80, en Flandre il a fallu attendre jusqu'en 2018 pour voir un premier cas de reproduction.

— Adulte

— Grand corbeau de profil

— Corneille de profil

	54-67 cm
	115-130 cm
	toute l'année
	forêts, collines, falaises
	tout, y compris des cadavres
	13 ans
	*****

5 TRAITS CARACTÉRISTIQUES

1. Oiseau noir à reflet violet et verdâtre
2. Grande tête avec bec en poignard long et fort
3. Dessus du bec couvert de plumes jusqu'à la moitié
4. Queue en forme de coin
5. Appel rauque : « croa-croa »

SON

Corbeau ou corneille ?

De nombreuses mentions de grands corbeaux concernent en fait des corneilles. Le grand corbeau est nettement plus grand que la corneille, il a la taille d'une buse. Le bec du corbeau est plus long, plus fort et en grande partie recouvert de plumes. Son cri est plus bas et plus mécanique.

Opportuniste

Les corbeaux ont une tâche particulière de nettoyeurs dans notre écosystème. Ils se nourrissent des cadavres abandonnés et du placenta des grands mammifères. Ils sont aussi passés maître dans la dissimulation et la redécouverte de nourriture, y compris celle de leurs concurrents.

Groupes et couples

Les juvéniles et les adultes célibataires vivent en bande. Les couples qui ont leur propre territoire restent ensemble pour la vie.

Union des forces

Sur un grand arbre ou une saillie rocheuse, le couple construit un nid qui est réutilisé chaque année. Le mâle cherche les matériaux et la femelle les assemble. Dès le mois de février, elle pond de 4 à 6 œufs, qui éclosent au plus tard après 3,5 semaines.

Famille soudée

Le père s'occupe de sa progéniture et lui apporte à manger. Les jeunes restent au nid jusqu'à l'âge de 7 semaines au plus tard. Après leur envol, les kids restent encore longtemps en compagnie de leurs parents, souvent jusqu'à ce que les chaudes journées d'été fassent place aux rigueurs de l'automne.

☐ **Vu le**	......../......../20....

CORNEILLE NOIRE

Corvus corone

La corneille noire est un oiseau particulièrement intelligent, qui nous épate à chaque fois par son comportement ingénieux.

— Adulte

— Nids

44-51 cm

84-100 cm

toute l'année

partout

insectes, invertébrés, cadavres, déchets

7 ans

*

5 TRAITS CARACTÉRISTIQUES

1. Plumage noir d'encre sur tout le corps
2. L'été, les plumes prennent un reflet métallisé
3. Bec puissant dont la moitié supérieure est incurvée
4. Ailes courtes et larges
5. Croasse d'une voix enrouée

SON

All you can eat

La corneille est tout sauf un gourmet exigeant. Elle choisit la solution la plus facile et s'adapte aux produits locaux et de saison. Des insectes en été, du grain en hiver, une musaraigne à l'occasion… Ses talents de « croquemort » sont aussi appréciés quand elle débarrasse nos routes des cadavres d'animaux, mais on apprécie moins qu'elle ose aussi venir inspecter nos sacs de poubelles.

Un oiseau avec une tête d'ingénieur

L'intelligence des corneilles se manifeste entre autres dans la manière dont elles accèdent à la nourriture. Elles utilisent leur cerveau pour résoudre des problèmes complexes. Elles laissent par exemple tomber des noix de haut sur la chaussée pour casser la coquille. Les corneilles peuvent même apprendre à récolter les déchets en échange de nourriture.

Nid de corneilles

Fin mars ou début avril, les couples de corneilles construisent leur nid tout en haut d'un arbre. Ces constructions se remarquent bien, du moins tant qu'il n'y a pas encore de feuilles sur les arbres. Les propriétaires du territoire défendent farouchement leur nid.

Monogamie sociale

Les partenaires restent ensemble pour la vie, mais seuls 82 pour cent des jeunes ont le mâle du nid comme père biologique. Les oiseaux fidèles s'autorisent donc quelques coups de canif dans le contrat.

☐ **Vu le**	……../……../20…..

CHOUCAS DES TOURS

Corvus monedula

Notre plus petit corvidé vit en grands groupes à la structure sociale très complexe.

— Adultes

— Nid dans une cheminée

30-34 cm

64-73 cm

toute l'année

ville et campagne

tout, de l'asticot aux graines

5 ans

*

5 TRAITS CARACTÉRISTIQUES

1. Oiseau apparemment noir : le dessus est gris très foncé et le dessous un peu plus clair
2. Nuque gris argenté
3. Œil clair
4. Vole en nuées
5. Appel bref et aigu

SON

Dans les cheminées

Le choucas des tours fait son nid dans des cavités, en ville il s'est spécialisé dans les cheminées et autres conduits d'aération. Des colonies vivent souvent en communauté dans de grands ouvrages humains comme les ponts et les clochers.

Précocité...

Avant même d'être fertiles, les choucas des tours cherchent leur partenaire pour la vie. Ils forment alors un duo inséparable, restant proches l'un de l'autre même pendant les activités de groupe.

Fidélité relative

Les choucas des tours ont la réputation d'être d'une fidélité exemplaire et de s'occuper l'un de l'autre toute la vie. Mais c'est très relatif, car leur soif de statut social génère de sérieux coups de canif dans le contrat. Les femelles plus faibles sont remplacées par une beauté plus valorisante à exhiber et les femelles grimpent plus haut dans la hiérarchie en séduisant un mec plus fort.

Omnivores

Ces oiseaux noirs cherchent leur nourriture en groupe, la plupart du temps en arpentant le sol. Ils mangent tout ce qui se présente : insectes, mollusques, vers, graines, baies, petits vertébrés et même cadavres.

Le sens du partage

Les choucas ont le sens de la communauté très développé. La nourriture trouvée est partagée, même s'il n'y a aucun lien génétique entre le donneur et le receveur.

☐ **Vu le**	......../......../**20**....

CAILLE DES BLÉS

Coturnix coturnix

La petite caille a élevé le jeu de cache-cache au rang de véritable art.

— Adulte

— Œufs

16-18 cm

32-35 cm

d'avril à août

champs de céréales et prairies

graines, bourgeons, herbes et insectes

1,5 ans

*****

5 TRAITS CARACTÉRISTIQUES

1. Plumage brun-jaune avec dessin plus foncé sur le dessus
2. Rayures jaunâtres sur le dos, commençant à l'œil
3. Gorge et ventre clairs
4. La femelle a la gorge claire, chez le mâle elle est (en partie) noire
5. Dans son chant, certains croient entendre : « paye tes dettes »

SON

Cache-cache

Il est extrêmement rare d'apercevoir la caille, surtout à la saison des nids. Le petit oiseau s'aplatit sur le sol et se faufile d'une cachette à l'autre. Il ne s'envole à la verticale qu'au tout dernier moment.

Picoreuse

Comme une poule en miniature, la caille picore à la recherche de délicieux grains, semences, pousses et bouts de racines. À ses petits, elle sert des insectes du sol bien nourrissants et d'autres petits organismes.

À une vitesse record

La femelle fait son nid au sol, bien dissimulé entre les hautes herbes. Elle y pond de 8 à 13 œufs, qu'elle couve et élève entièrement seule. Les poussins quittent immédiatement le nid et sont déjà capables de voler après 2,5 semaines. Souvent, les petits restent encore un peu sous l'aile maternelle, mais parfois tout le cycle de nidification est déjà accompli en à peine 4 semaines.

Étape fertile

Les cailles sont de véritables opportunistes, et pas seulement question nourriture. Pendant leur migration de printemps, elles font souvent une étape plus au sud pour y mener à bien, vite fait, une première couvée. Plus tard dans la même année, elles poursuivent leur vol vers le nord pour profiter à nouveau de circonstances idéales.

Il n'y a plus d'enfants, ma chère

Après 12 à 15 semaines, les jeunes sont déjà fertiles. Ils commencent même parfois leur première ponte l'année de leur naissance. Ce qui aide à reconstituer les populations les années de beau temps, mais compense à peine la régression due aux changements de leur habitat.

☐ Vu le	......../......../20.....

COUCOU GRIS

Cuculus canorus

En déposant son œuf dans le nid d'autrui, le coucou semble se la couler douce. Rien n'est moins vrai. Pour réussir ce tour de passe-passe magistral, il doit contourner beaucoup d'obstacles.

— Mâle

— Femelle grise

— Femelle brune

Taille	**32-36 cm**
Envergure	**54-60 cm**
Période	**d'avril à septembre**
Habitat	**forêts, marais, dunes et haies**
Nourriture	**chenilles et autres insectes**
Longévité	**4 ans**
Observation	*******

5 TRAITS CARACTÉRISTIQUES

1. Le mâle a la tête, la poitrine et le dos gris bleu
2. Ventre blanc à fines rayures horizontales
3. Pattes, base du bec, iris et bord de l'œil jaunes
4. Bandes sur le dessous des ailes et la queue
5. Chante « cou-cou » avec l'accent tonique sur le premier « cou »

SON

Deux types

La femelle du coucou se présente dans deux gammes de couleurs. La dame grise porte en grande partie les mêmes couleurs que le monsieur, mais avec des nuances beiges sur la poitrine. La dame brune se vêt entièrement de brun roux avec des bandes plus foncées sur tout le corps.

Astuces pour l'observer

Le chant du coucou est peut-être le bruit de la nature le plus connu dans notre pays. Quand le mâle crie son nom, on n'a en général pas trop de mal à le voir. Il est souvent perché sur un endroit dégagé (piquet de prairie, arbre mort, sommet de buisson...) d'où il scrute les environs.

Solide estomac

Le coucou mange principalement des chenilles, même les sortes très velues et venimeuses. Sa paroi stomacale épaisse est revêtue d'un film protecteur contre le venin. Il régurgite les poils sous forme de pelote de réjection.

Parasitisme

Le coucou est le seul oiseau de chez nous qui ne couve pas ses œufs lui-même.
La femelle dépose son œuf dans le nid de parents adoptifs, la plupart du temps d'une espèce plus petite que la sienne.

Confusion

Avec son ventre finement rayé, le coucou fait penser au dangereux épervier. Il en profite pour effrayer et éloigner un instant les petits oiseaux. Par un ingénieux jeu de cache-cache, la femelle tente d'arriver aussi près que possible du nid qu'elle veut parasiter.

☐ **Vu le**	......../......../**20**.....

Tenue de camouflage

Étrange mais vrai, chaque coucou ne pond pas le même œuf. Il doit toujours imiter aussi bien que possible l'œuf de l'oiseau abusé. Certaines femelles pondent des œufs qui ressemblent à ceux de l'accenteur mouchet, d'autres à ceux du rouge-gorge, du pipit farlouse, de la rousserole effarvatte ou de la bergeronnette.

Effacer les traces

Pour ne pas éveiller les soupçons, le coucou procède à un échange. Après avoir déposé son œuf en quelques secondes, la femelle en élimine un du nid d'accueil, en l'envoyant au sol ou en le mangeant.

Diviser pour régner

Chaque année, le coucou essaie de tromper ainsi environ 25 couples de parents adoptifs. Dans chaque nid, il ne pond qu'un seul œuf. Juste après que les petits oiseaux ont pondu mais pas encore commencé à couver, pour être sûr que son jeune éclose le premier.

— Troglodyte mignon nourrissant un jeune coucou mâle

Œuf de coucou dans un nid de rousserolle verderolle —

Le crime parfait

Le comportement du jeune coucou vis-à-vis de ses frères et sœurs adoptifs est sans pitié. Quelques heures après sa naissance, le jeune encore aveugle dirige un à un les autres œufs vers un creux sur son dos. Il s'arc-boute ensuite au bord du nid et éjecte comme une catapulte le précieux œuf par-dessus bord.

Tout pour lui

De cette façon, le petit coucou a le couple nourricier entièrement à son service. Toute la nourriture récoltée arrive dans son estomac et très vite le poussin est deux fois plus grand que ses parents adoptifs.

MÉSANGE BLEUE

Cyanistes caeruleus

Cette acrobate hyperdouée fait le show l'hiver dans votre jardin avec ses pirouettes sur boules de graisse !

— Au bain

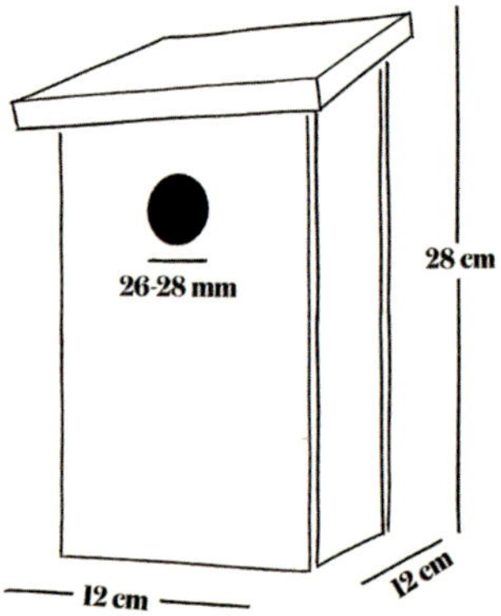

— Nichoir

— Jeunes

	10-12 cm
	17-22 cm
	toute l'année
	forêts, parcs et jardins
	insectes, graines, baies
	3 ans
	*

5 TRAITS CARACTÉRISTIQUES

1. Dos vert olive, ailes et queue bleu clair
2. Tête blanche à calotte bleue, trait noir sur l'œil et collier bleu noir
3. Ventre jaune avec plastron plus foncé
4. Trait blanc sur les ailes
5. Chant variable mais reconnaissable

SON

La jeune mésange bleue ressemble à une version délavée de ses parents. Elle ne prend tout son aspect pimpant qu'après quelques semaines.

Mésange charbonnière ou mésange bleue ?

Un truc tout simple permet de distinguer facilement ces deux visiteuses du jardin : la mésange charbonnière porte un petit chapeau noir de charbon, tandis que celui de la mésange bleue est... bleu.

Séducteur très punk

Le mâle porte une « crête » attirante de petites plumes ultraviolettes. Nous ne pouvons pas voir cette couleur, mais les oiseaux si. Plus la crête est flashy, meilleures sont les actions du mâle sur le marché.

Écarts de conduite

Dans votre nichoir, les mésanges bleues forment un couple uni, mais ça ne signifie pas que tous les jeunes sont du même père. Maman mésange bleue va parfois discrètement faire un tour chez le voisin. Au moins 11 pour cent des jeunes ne sont pas élevés par leur père biologique !

Nichoir

Voulez-vous héberger un couple pour la reproduction ? Suspendez un nichoir de 12 x 12 x 28 centimètres, avec un trou d'envol de 2,6 à 2,8 centimètres.

Bye-bye chenilles processionnaires

Des processionnaires du chêne envahissent régulièrement votre voisinage ? Cela vaut la peine d'installer des nichoirs aux endroits stratégiques. Un couple de mésanges avec enfants peut dévorer des quantités de ces chenilles en début de saison, quand elles n'ont pas encore leurs poils urticants.

☐ Vu le	......../......../20....

HIRONDELLE DE FENÊTRE

Delichon urbicum

Une véritable estivante dans les villes et les bourgs, dont les lieux de nidification diminuent malheureusement.

— Adultes

— Jeune hirondelle de fenêtre

— Hirondelle rustique

13,5 tot 15 cm

26-29 cm

d'avril à septembre

là où il y a de l'eau
et des bâtiments

petits insectes
volants

5 ans

*

En vol —

5 TRAITS CARACTÉRISTIQUES

1. Dessus bleu-noir à reflets brillants
2. Dessous blanc comme neige et plumage duveteux blanc sur les pattes
3. Queue fourchue
4. Croupion blanc
5. Gazouille et pousse des *tchirp* bruyants

La jeune hirondelle de fenêtre a l'air un peu plus « sale » que ses parents et n'a pas encore de reflet bleuté sur le dos.

Hirondelle de fenêtre ou hirondelle rustique ?
Une fois qu'on connaît leurs différences, plus moyen de les confondre. L'hirondelle rustique a le front roux, pas de croupion blanc, les pattes dépourvues de plumes et une queue considérablement plus longue.

Silhouettes —

SON

Niche en colonie

Une hirondelle ne fait pas le printemps, il faut juste attendre un peu plus longtemps pour la voir arriver en grand nombre. Par manque de rochers rugueux, elle a pris l'habitude de nicher dans et autour des bâtiments. Elle installe de préférence son nid, en compagnie de quelques voisines, en haut d'un mur extérieur, sous une corniche.

Chasse en groupe

Les hirondelles de fenêtre volent en groupe vers leurs terrains de chasse, par exemple au-dessus des étangs. Elles préfèrent les moustiques et autres insectes légers qu'elles prennent au vol. Elles chassent à plus haute altitude que les hirondelles rustique.

— Nid

Collecte des matériaux pour les nids —

Mare à hirondelle

L'hirondelle de fenêtre mélange de l'argile ou de la boue avec de la salive pour construire un nid en forme de coupe fermée. Vous pouvez l'aider à se procurer son matériau de construction en créant une petite mare. À l'intérieur du nid, elle fait un lit douillet avec des matières naturelles.

Manque de murs bruts

Les nouveaux projets de construction et les rénovations intensives sont funestes pour l'hirondelle rustique. Elle trouve de moins en moins de bons endroits pour accrocher son nid. Certaines hirondelles de fenêtre se sont spécialisées dans le nichage sous les ponts, mais celles inféodées aux maisons font rarement le pas vers d'autres habitats.

☐ **Vu le**	......../......../**20**.....

PIC ÉPEICHE

Dendrocopos major

Le pic épeiche est chez nous le plus répandu des pics. Le tambourinage du mâle et de la femelle résonne joyeusement au printemps.

— Mâle adulte

— Femelle adulte

— Forge de pic

— Pic épeichette femelle

23-26 cm

38-44 cm

toute l'année

forêts, parcs
et jardins

insectes, graines

2 ans

**

Pic creusant —

5 TRAITS CARACTÉRISTIQUES

1. Dos noir avec deux grandes zones blanches sur les épaules
2. Ventre blanc avec région annale rouge
3. Front blanc et calotte noire, ligne noire du bec vers le cou
4. L'arrière de la tête est rouge chez le mâle
5. Tambourine hyper vite sur les arbres au printemps

SON

Les jeunes ont une calotte entièrement rouge mais le rouge sous leur queue est plus vague.

Astuces pour le pister

Au printemps, le pic épeiche tambourine à cœur joie sur les troncs. Quand il n'y a pas encore de feuilles sur les arbres, vous pouvez le localiser au bruit (et avec l'aide de jumelles). En hiver, il se pointe parfois sur les boules à mésanges, les filets de cacahuètes et les mangeoires.

Différence avec le pic épeichette

La différence la plus marquante est le format : l'épeichette (14 à 16,5 cm) n'est pas plus grand qu'un moineau. Il lui manque aussi les taches blanches sur les épaules et la région annale rouge. La femelle n'a même pas du tout de rouge !

Et il y a aussi le pic mar

Ce bel oiseau de taille intermédiaire (19,5 à 22 cm de long) est le plus rare des trois. Le pic mar a un front blanc et une calotte entièrement rouge, ce qui le fait ressembler à un jeune pic épeiche. Les lignes noires moins marquées sur les côtés de la tête indiquent quel oiseau vous avez dans le viseur.

Buffet en bois

De son long bec, le pic épeiche explore les troncs, les branches et les morceaux d'écorce détachés à la recherche d'insectes. En forant les arbres pourris, il déloge les larves qui vivent dans le bois. Sa longue langue gluante lui permet d'extraire ses proies des plus infimes cavités.

Forge de pic

Voyez-vous une pomme de pin fichée dans une fissure d'écorce ou une cavité creusée ? Vous êtes vraisemblablement en face d'une « forge de pic ». Le pic y immobilise le cône pour en arracher les écailles et accéder aux graines qu'il dévore. En dessous d'une forge, on trouve souvent une masse de cônes entièrement vidés.

Creuser ensemble

Le mâle et la femelle unissent leurs forces pour creuser un trou dans un arbre. Ils commencent à différents endroits avant de fixer leur choix définitif. Quand le creux est terminé, ils n'ont plus assez d'énergie pour aménager l'intérieur. Les œufs sont pondus directement sur le bois et les parents les gardent au chaud à tour de rôle.

— Pic mar

Pic épeichette mâle —

Solo de batterie

Les mâles et les femelles tambourinent du bec sur les branches et les troncs pour délimiter leur territoire. Quand le mâle veut vraiment impressionner sa partenaire, il cherche par exemple un objet métallique pour renforcer la sonorité.

Forces G

Pendant le tambourinage, la petite tête du pic encaisse des chocs considérables, jusqu'à 1200 G. En comparaison, une collision frontale en voiture représente 100 G. Ce qui est mortel pour l'homme ne l'est pas pour le pic !

Amortisseurs incorporés

L'oiseau évite les dommages cérébraux, la perte de conscience et les séquelles graves de différentes manières. Son bec est élastique, entre le bec et le cerveau il y a un os poreux, l'os hyoïde, qui répartit l'impact sur toute la tête, et le fait quil ait peu de liquide cérébral contribue à absorber le choc.

☐ **Vu le**	......../......../**20**.....

PIC NOIR

Dryocopus martius

Ce drummer est le plus grand de nos pics. Ses solos de batterie retentissants s'entendent à plus d'un kilomètre de distance.

— Adulte et jeunes au nid

— Mâle

— Femelle

— Pic dans son trou

— Entaille de pic

40-60 cm

64-68 cm

toute l'année (et on l'entend surtout de février à avril)

forêts anciennes

insectes, baies, graines

inconnue

***

5 TRAITS CARACTÉRISTIQUES

1. Plumage noir et calotte rouge
2. Vol rectiligne
3. Puissant bec droit avec la pointe et l'arête plus foncées
4. Tambourine en séries lentes et soutenues de quelques secondes
5. Crie « krru, krru, krru » en vol

SON

Son chapeau rouge révèle le sexe du pic noir. Les mâles portent une « casquette » complète, chez les femelles seul l'arrière de la tête est coloré de rouge.

Le voir ou l'entendre ?

Le pic noir est beaucoup plus gros que vous ne pensez, pratiquement de la taille d'une corneille. Il est toutefois difficile de l'apercevoir. Il préfère de loin se faire entendre, surtout au printemps.

Trou caractéristique

Ce tambourineur fait de préférence son trou dans le tronc lisse d'un grand hêtre, où il n'y a pas de branches dans le chemin. Le trou d'envol du nid qu'il y creuse est de forme ovale et mesure 10 à 15 centimètres de haut.

Fendeur de bois diplômé

Réussir un trou de pic réclame un savoir-faire professionnel. En tambourinant d'arbre en arbre, le pic noir « entend » quel tronc est solide à l'extérieur et tendre à l'intérieur. Il y creuse une petite ouverture et laisse le gros du travail aux moisissures. Quelques années plus tard, le bois est assez tendre pour qu'il puisse continuer à le creuser. C'est un projet sur plusieurs générations, le pic qui fend la première brèche n'est pas nécessairement celui qui occupera le nid un jour.

Développeur de projets

D'autres animaux profitent aussi de ces grandes cavités dans les arbres. Après leur utilisation par le pic, elles sont adoptées entre autres par les chouettes hulottes, les chauves-souris, les lérots, les choucas, les écureuils, les martres et les frelons.

Sculpture sur bois

Le pic noir cherche aussi sa nourriture dans le bois (mort). Dans des souches pourrissantes, il fait des entailles rectangulaires pour en déloger les fourmis noires.

☐ Vu le	......../......../20.....

BRUANT JAUNE

Emberiza citrinella

Jadis, on ne pouvait pas rater le bruant jaune tant il était présent dans le paysage agricole. Avec la disparition des haies, des taillis et des buissons, cet oiseau est en forte régression.

— Adulte

[length]	**15,5-17 cm**
[wingspan]	**23-29,5 cm**
[period]	**toute l'année**
[habitat]	**lisière de forêt, paysage semi-ouvert**
[diet]	**graines, insectes**
[life expectancy]	**3 ans**
[observation]	*******

5 TRAITS CARACTÉRISTIQUES

1. Dos brunâtre rayé de noir, croupion roux sans dessin
2. Cou et ventre jaune clair, le ventre rayé de gris
3. Longue queue avec plumes rectrices bordées de blanc
4. Nuances jaunes visibles dans les rémiges de l'aile
5. En tenue d'été, le mâle a la tête et le ventre jaune vif, la poitrine rousse

SON

L'oiseau chante Beethoven
Le bruant jaune n'est pas toujours facile à observer, mais son chant le trahit. Certains y entendent les premières notes de la 5e Symphonie de Beethoven : « ti-ti-ti-ti-ti-TUUUU »

Fou de grains
L'hiver, les bruants jaunes se tiennent en groupe auprès de petits champs cultivés. Ils s'y nourrissent des grains restant après la moisson. Ils ne se sentent en sécurité que s'ils disposent d'assez d'échappatoires, par exemple dans un petit bois attenant.

Haies et buissons
Le bruant jaune était autrefois indissociable du territoire agricole, mais le remembrement des terres et l'agrandissement d'échelle lui ont joué des tours. Cette espèce ne sent chez elle que dans les paysages agricoles suffisamment fermés. Elle niche près du sol, par exemple dans des herbes sauvages, mais toujours protégée par une haie ou un buisson.

Multitâches
L'instinct de reproduction de la femelle est insatiable. Elle laisse le soin d'élever ses jeunes au mâle tandis qu'elle va souvent fonder un autre nid ailleurs.

☐ **Vu le**	......../......../20.....

ROUGEGORGE GRISE

Erithacus rubecula

Le rougegorge est un de nos oiseaux de jardin les plus populaires. Même s'il défend vigoureusement son territoire, il a su conquérir les cœurs en venant sautiller autour des jardiniers.

— Adulte chantant

— Jeune

— Sur une mangeoire avec une mésange charbonnière

13-14 cm

20-22 cm

toute l'année

forêts, pacs et jardins

insectes, vers, limaces

13 mois

*

5 TRAITS CARACTÉRISTIQUES

1. Visage, menton, gorge et poitrine rouge orangé
2. Corps brun et ventre plus clair
3. Parfois mince, parfois rondelet avec les plumes gonflées
4. Souvent sautillant sur ses pattes fines
5. Chant variable, mélodieux et clair

SON

Les jeunes rougegorges ont un plumage entièrement brun tacheté et une petite rayure jaune sur les ailes.

À l'affût

Le rougegorge est un grand dévoreur d'insectes. Dans les bois, il profite des nuées de petits insectes qui escortent les chevreuils ou les sangliers. Mais il peut aussi se poster à côté d'une taupinière pour inspecter chaque nouveau rejet de terre et en sortir les vers.

Assistant jardinier

Pour la même raison, le rougegorge se tient souvent à proximité des jardiniers. Le petit oiseau sait qu'il y aura de délicieuses choses à grapiller après le passage d'une bêche, d'une fourche ou d'un sécateur.

Migrateur

Vous les voyez ici toute l'année, et pourtant la plupart des rougegorges sont des oiseaux migrateurs. Ceux qui arrivent de Scandinavie pour passer l'hiver ici piquent le territoire de nos oiseaux nicheurs. Seuls quelques-uns d'entre eux sont assez costauds pour résister, le reste déménage vers le soleil de l'Espagne.

Le sang chaud

Tant le mâle que la femelle sont agressifs vis-à-vis de leurs semblables. Vous ne les verrez d'ailleurs ensemble que pendant la période de reproduction. La femelle s'invite elle-même chez un mâle et construit un nid sur son territoire : caché dans un arbre creux, un trou de mur ou une souche pourrie.

Comfort food

L'hiver est difficile pour le rougegorge. Il ne trouve plus assez d'insectes et s'installe dans les villes et les villages. Il y profite de nos mangeoires bien fournies. Attention à ce que vous y servez : le rougegorge n'est pas capable d'éplucher les graines lui-même comme les mésanges.

☐ **Vu le**	......../......../20.....

FAUCON PÈLERIN

Falco peregrinus

L'oiseau le plus rapide au monde vit en Belgique ! Le faucon pèlerin fend l'espace aérien au-dessus des villes avec ses vols en piqués étourdissants.

— Adulte

— Jeune

38-51 cm

90-115 cm

toute l'année

villes, falaises

oiseaux

6 ans

******

5 TRAITS CARACTÉRISTIQUES

1. Dos gris bleu et tête foncée
2. Joues et menton blancs avec moustaches noires
3. Ventre blanc cassé avec rayures horizontales plus foncées
4. Pattes et base du bec jaunes, bec plus foncé
5. Crie « rèk - rèk - rèk » de manière répétée pour contacter sa partenaire

SON

La femelle est plus grande que le mâle. Les jeunes faucons pèlerins ont le dessus brun, le ventre beige avec des rayures verticales et leur masque n'est pas encore complètement développé.

Astuces pour l'observer

— Regardez en l'air en ville pendant la période de reproduction.
— Cherchez les hauts bâtiments où nichent les faucons pèlerins.
— Voyez comment le faucon pèlerin décrit des cercles au-dessus de la ville.

Chasseur ultrarapide

Le faucon pèlerin est connu pour être l'animal le plus rapide au monde. Sa plus grande vitesse jamais enregistrée est de 389 km/h, mais il ne peut atteindre une telle vitesse que dans un vol en piqué commencé à très grande hauteur. Quand il fait « simplement » un petit tour, il atteint quand même facilement 100 km/h.

Bardé de superpouvoirs

Quand il fond à toute allure sur sa proie, le corps du faucon pèlerin doit parfois encaisser jusqu'à 25 G. En comparaison, les pilotes de chasse humains renoncent à 9 G. Cela exige beaucoup d'adaptations du corps, comme une fosse nasale spéciale qui protège contre les pneumothorax. Une troisième paupière combinée à des larmes extrêmement épaisses empêche les yeux de s'assécher ou d'être blessés par des poussières. Le cœur bat parfois jusqu'à 900 pulsations par minute, ce qui permet au faucon pèlerin de battre des ailes 4 fois par seconde.

Bienvenue en ville

Par nature, ce Jean-Sans-Peur niche dans des creux peu profonds ou des corniches de falaises escarpées. Les hauts bâtiments des villes imitent son habitat naturel. Le faucon pèlerin y est même attiré avec gratitude à l'aide de nichoirs, car c'est un allié contre la surabondance de mouettes et de pigeons.

L’amour de la femme passe par l’estomac
Au printemps, avec un peu de chance vous pouvez admirer le vol nuptial d’un couple de faucons pèlerins. Il s’accompagne d’un appel sonore et d’une spectaculaire offrande de proie. Avec de la bonne bouffe, le mâle essaye de faire bonne impression sur la future maman.

Dévoreur d’énergie
Le faucon pèlerin ne dépense pas son temps et son énergie à construire un nid et se contente souvent d’une simple cavité. Le supplément de nourriture que le père apporte est le bienvenu, car faire et couver les œufs demande beaucoup d’énergie. Quand les jeunes sont nés, la femelle part elle aussi de temps en temps à la chasse.

— Jeune

Lieu de plumaison —

Blancs et duveteux

Les poussins naissent après quatre semaines de couvaison. La mère déchire alors les proies en morceaux pour en nourrir ses petits. Six semaines plus tard, les jeunes ont droit à leur baptême de l'air, mais ils continuent à s'asseoir à la table familiale pendant encore 2 ou 3 mois.

Le saviez-vous?

En 1995, un couple a niché pour la première fois en Belgique, dans un nichoir contre une tour de refroidissement à Doel.

☐ **Vu le**	......../......../20.....

FAUCON HOBEREAU

Falco subbuteo

Ce rapace chasse en vol les petits oiseaux et les insectes. Ces derniers sont indispensables à sa survie.

— Adulte

— Jeune

— Jeunes au nid

29-35 cm

70-84 cm

d'avril à octobre

forêt, lande, paysage agricole

proies volantes

3 ans

***

5 TRAITS CARACTÉRISTIQUES

1. Dos gris foncé, ventre légèrement coloré avec stries verticales plus sombres
2. Gorge blanche et « bonnet » gris foncé, bandeau sur l'œil et moustache marquée
3. Culotte et zone annale d'un roux vif
4. Dessous des ailes et de la queue à rayures horizontales subtiles
5. Cri rapide et rythmé « kju-kju-kju-kju-kju »

Les jeunes se reconnaissent à leurs ventre, culotte et cou beiges et à la légère bordure de leurs plumes tectrices ou plumes de couverture.

Il ne se prend pas pour le Saint-Esprit
Le faucon hobereau ne fait pas du surplace comme le faucon crécerelle, dont on dit qu'il fait le Saint-Esprit, mais capture ses proies en l'air. Il chasse les petits oiseaux, y compris les martinets au vol rapide, et de grands insectes comme les libellules. Il dévore celles-ci tout en volant. Là où la population de libellules régresse, le faucon hobereau est aussi à la peine.

Nidification tardive
Étant donné son régime spécifique, le faucon hobereau ne pond ses œufs qu'en été. Il y a à ce moment un grand nombre de jeunes oiseaux et des nuées de libellules à trouver. Le take-away idéal pour le mâle. Ce n'est qu'ainsi qu'il trouve suffisamment de nourriture à apporter à la mère de ses enfants.

La corneille cède la place
Avantage supplémentaire, à cette période de l'année les jeunes des corneilles et des pies se sont déjà envolés, leurs nids sont donc disponibles pour le faucon hobereau. Il en choisit de préférence un à la lisière du bois, là où il y a beaucoup de libellules.

Migration d'hiver
Quand leurs jeunes sont indépendants, nos faucons hobereaux partent en direction de l'équateur pour y hiverner et revenir chez nous en avril. Les couples de l'année précédente se retrouvent et restent généralement fidèles toute leur vie.

SON

☐ Vu le	......../......../20.....

FAUCON CRÉCERELLE

Falco tinnunculus

Vous voyez souvent cet oiseau en vol sur place, dit en « Saint-Esprit », le long des autoroutes. Il y scrute l'herbe fraîchement tondue à la recherche de souris.

— Mâle

Taille	31-37 cm
Envergure	68-78 cm
Période	toute l'année
Habitat	paysages ouverts
Alimentation	petits mammifères, oiseaux et grands insectes
Longévité	4 ans
Observation	***

Femelle —

5 TRAITS CARACTÉRISTIQUES

1. Dos roussâtre à châtain avec taches foncées
2. Ventre légèrement coloré avec taches foncées
3. Pattes jaunes à griffes noires, bec noir à base jaune
4. Fait du sur place avec la queue en éventail dirigée vers le bas
5. Son appel est un « kii-kii-kii-kii-kii » aigu

Différence évidente entre mâle et femelle

Le faucon crécerelle mâle a la tête, le croupion et la queue bleutés. Le dessus de la femelle est partout roussâtre comme son dos. De plus, la queue de la femelle porte des rayures horizontales, même sur le dessous. La queue du mâle est unie, mais avec une large barre foncée à la fin.

Astuces d'observation

Vous voyez un rapace de la taille d'un petit pigeon faisant du vol sur place le long de l'autoroute ? Il y a de fortes chances que ce soit un faucon crécerelle. Cet oiseau recherche les endroits avec de l'herbe courte pour repérer facilement les souris.

SON

☐ **Vu le**	......../......../20.....

Quand on n'est pas rapide, il faut être malin

Le faucon crécerelle n'a pas la pointe de vitesse nécessaire pour capturer les oiseaux au vol, il s'est donc spécialisé dans le vol sur place, en position du Saint-Esprit. C'est une technique de chasse très efficace, mais qui consomme de l'énergie. Pour ménager ses forces, il s'installe souvent en hiver sur un poste d'observation élevé, d'où il mène des attaques surprises.

Sur la piste du pipi de souris

Le faucon crécerelle est fou de souris. Il sait comment les trouver, car elles trahissent leur présence par les traces d'urine qu'elles laissent pour communiquer entre elles. L'oiseau voit les minuscules gouttes s'illuminer en ultraviolet dans l'herbe verte, tout comme nous pouvons voir des traces jaunes d'urine sur la neige.

— Jeunes faucons crécerelles à la sortie de leur nichoir

Vol sur place —

Destins liés

Les campagnols et autres souris des champs font l'essentiel du menu du faucon crécerelle. Si l'année est mauvaise pour leur reproduction, la population de faucons crécerelles régresse aussi.

Prêt à emménager

Le faucon crécerelle recherche un nid tout prêt pour y poser ses œufs. Il utilise d'anciens nids d'autres rapaces ou de corneilles, des trous d'arbres, des creux dans des bâtiments ou des nichoirs.

PINSON DES ARBRES

Fringilla coelebs

« Vî-dju ! », « Widjo ! », « Suskewiet ! », selon les régions où il habite, le beau trille classique du pinson des arbres se termine sur des tonalités un peu différentes.

— Mâle

— Femelle

— Nid

14-16 cm

25-28 cm

toute l'année

forêts, champs, parcs et jardins

graines, insectes

3 ans

*

5 TRAITS CARACTÉRISTIQUES

1. Deux bandes blanches sur les ailes
2. Longue queue à bords blancs
3. Le mâle a une poitrine rose brique et un bonnet ardoise noué sous le menton
4. Le dessus de la femelle est gris verdâtre et son ventre beige
5. Vol ondulé

SON

Une strophe familière

Le pinson chante du haut d'un endroit bien exposé. Sa strophe familière est mélodieuse et stéréotypée, mais sa conclusion peut varier selon les populations et leurs zones d'habitat. En Haute Ardenne, on croyait y reconnaître « vî-dju », autrement dit « vieux dieu ».

Fou de faines

Le pinson adore les fruits du hêtre. En automne et en hiver, on le rencontre donc souvent aux abords des hêtraies, par exemple en Forêt de Soignes, où ils hivernent par milliers.

Certains migrent, d'autres pas

Nos pinsons sont souvent des oiseaux des villes, mais il y en a aussi qui migrent selon les saisons. La plupart des pinsons européens passent l'hiver en Europe du Sud ou de l'Ouest. Les femelles partent plus vite que les mâles, ceux-ci restent donc en « célibataires » dans certains territoires.

Nid superbe

Les nids des pinsons sont de véritables chefs-d'œuvre, faits d'herbes, de mousses, de lichens, de crins, de laine, de toiles d'araignée et d'autres matériaux doux. Parfaitement camouflés, on les remarque rarement dans le feuillage épais.

Service au sol

Pendant la période de reproduction, le pinson mange des insectes nourrissants. Le reste de l'année, il se contente de graines, de pépins et de noix. Il préfère les déguster directement sur le sol, c'est pourquoi l'hiver vous le verrez surtout picorer *sous* la mangeoire et non *dessus*.

☐ **Vu le**	......../......../20....

FOULQUE MACROULE

Fulica atra

Cet oiseau aquatique se laisse aisément admirer.
Mais il défend son nid flottant bec et ongles.

— Adulte

— Pattes

— Les poussins nagent immédiatement

- 36-42 cm
- 50-55 cm
- toute l'année
- eaux douces
- plantes et animaux aquatiques
- 5 ans
- *

5 TRAITS CARACTÉRISTIQUES

1. Plumage gris fumé à noir
2. Front et bec blancs
3. Yeux rouge vif
4. Pattes lourdes semi-palmées
5. Cri sonore reconnaissable, qui ressemble au jappement d'un petit chien de luxe

SON

Sur un grand pied

Les pattes de la foulque semblent disproportionnées : vraiment très grandes pour sa petite stature. C'est parce que cet oiseau aquatique n'a pas des palmes ordinaires, comme celles des canards. Chaque doigt est bordé d'une sorte de membrane qui s'écarte pour assurer la propulsion quand la patte part en arrière et se replie dans le mouvement vers l'avant.

Querelleuse

La foulque macroule ne tolère guère d'intrus dans son voisinage en période de nidification. Elle défend fanatiquement le pourtour de son nid, en chassant aussi bien ses congénères que les autres oiseaux aquatiques. En hiver, elle vit par contre en bonne entente avec ses semblables sur de grands étangs de repos.

Nid flottant

Les foulques macroules accordent beaucoup d'attention à la construction de leur nid. Elles utilisent surtout des roseaux et d'autres matériaux végétaux qu'elles cueillent dans le plan d'eau. Le nid est la plupart du temps flottant, mais il est ancré à la berge. Les couples restent ensemble pour la vie et reviennent chaque année vers leur lieu de nidification.

Apprendre vite...

À peine nés, les poussins de foulque macroule nagent déjà derrière leurs parents et sont nourris intensivement pendant les premiers jours. Même si les parents les défendent vigoureusement, leur survie est problématique. Quatre-vingt pourcent d'entre eux meurent la première année. La foulque macroule compense cette hécatombe en faisant plusieurs couvées par été. Les jeunes du premier nid sont encore dans les parages quand leurs frères et sœurs éclosent.

☐ Vu le	......../......../20.....

POULE D'EAU

Gallinula chloropus

Avec son bec et sa plaque frontale rouges et sa queue en noir et blanc, la poule d'eau est facile à identifier. Vous pouvez la voir de près sur les plans d'eau des villes.

— Adulte

— Pattes

— Adulte nourrissant un jeune

27-31 cm

50-55 cm

toute l'année

eaux douces

plantes et petits animaux aquatiques

3 ans

*

5 TRAITS CARACTÉRISTIQUES

1. Corps gris-noir avec dessus brun mat
2. Plumes sous-caudales blanches avec ligne noire au milieu
3. Rangée de taches blanches sur les côtés
4. Bec rouge à bout jaune ; plaque frontal rouge sur la tête, yeux et base des pattes rouges
5. Pousse différents cris pour annoncer sa présence

SON

Oiseau des villes

Dans la nature, la poule d'eau se dissimule dans les plantes des berges, mais dans un environnement citadin, elle est devenue bien moins craintive. En été, ces oiseaux vivent en couple, en hiver ils se rassemblent sur de grands étangs et des rivières à faible courant.

Pas championne de natation

La poule d'eau a de grandes pattes vertes qui ne semblent pas adaptées à la vie aquatique. Elle ne nage d'ailleurs pas très bien, mais elle marche facilement sur des plantes flottantes et peut grimper dans les branches. Ses talents en vol sont aussi limités, mais la polyvalence de ses moyens de locomotion en fait une bonne spécialiste du tout terrain.

Nid de parade

Au printemps, le mâle construit un prototype de nid bien visible, sur lequel il exécute sa parade. Il vole bec dans l'eau jusqu'à la femelle et les deux partenaires se bécotent mutuellement les plumes.

Pause de nuit

Le vrai nid de couvaison est beaucoup mieux caché. La femelle y couve le jour tandis que le mâle assure la pause de nuit. Deux jours après leur éclosion, le père emmène déjà les premiers nés sur l'eau avec lui.

Amour fraternel

Quand les derniers œufs ont éclos, les poussins sont soignés intensivement par les deux parents. Toute la journée, ceux-ci pêchent des petits poissons pour les nourrir. Une deuxième nichée a souvent lieu. Dans ce cas, les aînés participent aux soins apportés à leurs jeunes frères et sœurs.

☐ Vu le	......../......../20....

GEAI DES CHÊNES

Garrulus glandarius

Le geai des chênes est aussi magnifique que bruyant. Parions que vous en observerez vite un pour la première fois !

— Adulte

— Adulte nourrissant un jeune

32-35 cm

54-58 cm

toute l'année

forêts, parcs

insectes, graines, baies, noix

4 ans

******

5 TRAITS CARACTÉRISTIQUES

1. Oiseau d'un beige rosé avec la queue noire ainsi que l'arrière des ailes
2. Tête et gorge plus claires avec moustaches et rayures noires sur le front
3. Couverture alaire d'un bleu vif à rayures noires
4. La tache blanche sur le dessus du croupion est visible en vol
5. Cri rauque et bruyant

SON

Vigile de la forêt

Quand le geai sonne l'alarme, tout le monde l'entend. Il règne donc souvent un silence profond dans la forêt après qu'il a poussé son cri. Les autres animaux savent qu'il y a du danger dans l'air et s'éclipsent aussi vite que possible.

Chenilles survitaminées

Pendant la parade nuptiale, le mâle redresse sa crête, siffle un doux chant, offre de la nourriture à sa belle et miaule comme un chat pour elle. Le couple nouvellement formé construit un nid bien dissimulé et les jeunes éclosent au moment où les premières chenilles apparaissent : la nourriture survitaminée idéale pour un jeune oiseau plein d'ambition !

L'assistant du forestier

À l'arrière-saison, le geai des chênes constitue une provision de glands qu'il enterre dans le sol. Quand la nourriture se fait rare, il sait où retrouver chaque gland sans problème. Tout ce qu'il n'aura pas mangé reste dans le sol et peut y germer pour devenir un beau chêne. Un bel exemple de gestion forestière naturelle !

Années d'invasion

Nos geais des chênes sont sédentaires, ils restent chez nous en hiver. Mais en cas de pénurie alimentaire, certains oiseaux plus nordiques osent migrer vers le sud pour y passer l'hiver. C'est ainsi qu'environ tous les 8 ans, un très grand nombre de geais sont présents dans nos contrées. Cela arrive quand une saison de nidification très réussie se combine avec une faible production de glands et de faines plus au nord.

☐ **Vu le**	......../......../20....

GRUE CENDRÉE

Grus grus

Chaque printemps et chaque automne, des dizaines de milliers de grues cendrées survolent notre pays en trompetant bruyamment. Un spectacle que tout amoureux des oiseaux a inscrit dans sa *bucket list* !

— Vol migratoire

— Ballet nuptial

95-120 cm

180-220 cm

février/mars et octobre/novembre

surtout au-dessus de l'est de la Belgique

glands, insectes, petits vertébrés...

17 ans

****

5 TRAITS CARACTÉRISTIQUES

1. Corps gris bleu et longues pattes noires
2. « Queue » en panache formée par la surabondance de plumes des ailes, en partie noires
3. Cou et tête en noir et blanc
4. Yeux rouges et tache rouge sur la nuque
5. Appel sonore et trompetant

SON

Migration en groupes

Chaque année, les grues cendrées se déplacent en masse entre le sud de la Suède et la Méditerranée. En chemin, elles survolent l'est de la Belgique. Vous pouvez avoir le bonheur de les y voir se reposant dans les Hautes Fagnes et la vallée de la Semois. À l'occasion, vous pouvez les voir aussi survoler d'autres parties du pays. Elles annoncent leur arrivée par leurs « grou-grou-grou » assourdissants et volent la plupart du temps en formation en V, pattes et cou étendus.

Aimer est un verbe actif

Ces oiseaux aussi élancés qu'imposants se restent la plupart du temps fidèles. Et pourtant chaque année, ils se donnent à fond pour se séduire à nouveau. Ils s'invitent mutuellement à danser et se lancent dans un ballet époustouflant. Ils déploient leurs vastes ailes et s'appellent bruyamment, exécutant des pirouettes et des sauts d'un bon mètre en l'air. Ce spectacle est hélas réservé aux amateurs d'oiseaux de leur territoire de reproduction. Mais il arrive parfois de rencontrer un couple amoureux sur le sol belge.

Se reproduire dans le froid

À chacun son plaisir : la grue cendrée choisit délibérément le nord pour y élever sa progéniture. Quelques couples s'établissent à l'extrême nord des Pays-Bas, sur la frontière entre la Frise et la Drenthe. La plupart du temps, ils élèvent deux jeunes, qui sont rapidement exercés pour pouvoir migrer avec eux vers le sud une demi-année plus tard.

Le saviez-vous?

La vitesse moyenne de la grue cendrée est de 50 km/h, mais sa vitesse de pointe est de 130 km/h!

☐ **Vu le**	......../......../20....

HIRONDELLE RUSTIQUE

Hirundo rustica

L'hirondelle rustique n'a pas toujours été associée à l'habitat rural. À l'origine, elle bâtissait son nid sur des rochers ou dans des grottes. Aujourd'hui, elle a un faible pour les cours de fermes où un large buffet d'insectes s'offre à elle.

— Adulte

— Nid

17-21 cm

32-34,5 cm

d'avril à octobre (dans une moindre mesure mars-novembre)

cours de fermes

petits insectes volants

5 ans

*****

5 TRAITS CARACTÉRISTIQUES

1. Dos, ailes, tête et bande de poitrine d'un noir brillant bleuté
2. Menton, gorge et front brun rougeâtre (ce que n'a pas l'hirondelle de fenêtre)
3. Ventre couleur crème
4. Grande queue fourchue avec de longs filets
5. Gazouille joyeusement en vol et près de son nid

☐ **Vu le**	.... /........ /20.....

SON

Annonciatrice du printemps

L'hirondelle rustique est un oiseau migrateur qui revient fin mars vers son territoire de nidification, qui peut même se situer au-delà du cercle polaire. Quand sa tâche de reproduction est accomplie, elle repart vers le sud du continent africain. Non parce qu'elle aime le soleil, le sable et la mer, mais parce qu'elle ne trouve pas sa nourriture ici en hiver.

Destructrice de moustiques

Les hirondelles sont de véritables gloutonnes qui s'emplissent le bec en plein vol avec plein de petites bêtes qui volent. Donc des moustiques ! Les voyez-vous parfois raser l'eau et toucher brièvement la surface ? C'est la technique de l'hirondelle rustique pour s'abreuver.

Maison - jardin - enfant(s)

Si l'endroit lui plaît, l'hirondelle rustique bâtira peut-être sa petite maison dans le voisinage de votre jardin. Elle le fait avec de l'argile, de la salive et des brindilles qu'elle mélange en pâte collante. Elle accroche son nid en forme de boule dans des granges, étables et hangars qui restent accessibles. Elle habille l'intérieur du nid de petites plumes douces et isolantes. Les œufs bien camouflés éclosent après environ 15 jours.

Aidez l'hirondelle rustique

Laissez le nid de l'hirondelle rustique intact, la plupart du temps elle y revient l'année suivante. Vous pouvez aussi donner un coup de main à l'oiseau en installant des nids artificiels, de préférence proches les uns des autres. Choisissez un endroit qui ne devient pas trop chaud en été.

Le saviez-vous?

Une hirondelle rustique adulte avec enfants mange 50 000 insectes par semaine.

PIE-GRIÈCHE GRISE

Lanius excubitor

Avec ses cinquante nuances de gris, la pie-grièche grise a de quoi séduire. Il y a quand même un petit côté lugubre attaché à cet oiseau masqué...

— Adulte

— Brochette de souris

21-26 cm

30-34 cm

en hiver,
en Wallonie
aussi l'été

paysage semi-ouvert
à boisé

souris, grenouilles,
coléoptères, oiseaux

4 ans

*****

5 TRAITS CARACTÉRISTIQUES

1. Dos et dessus de la tête gris clair
2. Ventre et menton blancs
3. Bandeau noir sur l'œil
4. Ailes et queue noires marquées de blanc
5. Bec crochu

☐ Vu le	.... /........ /20.....

SON

À l'affût

La pie-grièche grise est souvent perchée sur un poste de guet important, par exemple un grand arbre. De là, elle peut scanner tout son environnement à la recherche de proie. Elle fait parfois aussi du vol stationnaire, comme un rapace.

Tueuse impitoyable

Même si elle est à peine plus grande qu'un merle, la pie-grièche grise chasse toutes sortes de petits animaux. Elle achève ses victimes d'un coup de bec sur la nuque ou sur le crâne.

Brochette de souris

La pie-grièche grise ne mange pas d'aussi grandes proies en une seule fois, mais elle a trouvé une astuce. Elle empale sa prise sur des épines de ronce ou un morceau de fil de fer barbelé. Elle fait ainsi des réserves pour les temps difficiles. Cela l'aide aussi à dépecer les cadavres, tâche pour laquelle ses pattes frêles lui sont de peu d'utilité.

Armoire aux trophées

Quand un mâle veut conquérir une femelle, il lui présente sa réserve de proies. En lui montrant sa vitrine bien garnie, il souligne qu'il est capable de subvenir aux besoins des enfants. La descendance de ce « boucher parmi les passereaux » est ainsi assurée.

Prier pour son retour

À cause de l'agriculture intensive, la pie-grièche grise a disparu de Flandre en tant qu'oiseau nicheur. L'hiver, on la voit de temps en temps apparaître ci et là. En Wallonie se reproduisent encore quelques centaines d'oiseaux, occupant chacun un territoire d'environ 100 hectares.

Le saviez-vous ?

La pie-grièche grise fait « mûrir » un peu plus longtemps les proies venimeuses sur ses brochettes. Elle attend précisément le temps nécessaire pour que le poison n'agisse plus. Pour la même raison, elle écorche avec soin les grenouilles afin d'éliminer leur peau mortelle. (Tout comme sa cousine la pie-grièche écorcheur).

MOUETTE MÉLANOCÉPHALE

Larus melanocephalus

Dans les grandes colonies de mouettes rieuses, vous voyez parfois à la saison des nids un couple dont la tête est juste un peu plus sombre : ce sont des mouettes mélanocéphales.

— Plumage d'été

— Adulte avec jeunes

— Plumage d'hiver

— Juvénile au début de la mue

	37-40 cm
	92-105 cm
	surtout au printemps et en été
	près des eaux douces et salées
	graines, insectes
	inconnue
	***

5 TRAITS CARACTÉRISTIQUES

1. Oiseau blanc au dos gris clair
2. Tête noire en été, masque noir sur l'œil en hiver
3. Bec rouge puissant et lourd, avec bout noir
4. Pattes rouges
5. Fait un bruit nasal : « ie-éi »

SON

Jeune mouette mélanocéphale

La première année de sa vie, le juvénile ne ressemble en rien à ses parents. Il a les pattes et le bec noirs, le dos écaillé de brun-noir et la nuque brunâtre. À partir de l'hiver, sa couleur commence à pâlir et il reçoit son masque.

Amie de la rieuse

De loin, la mouette mélanocéphale ressemble à la mouette rieuse et les oiseaux sont d'ailleurs souvent signalés ensemble. Quand les mélanocéphales ne sont pas assez nombreuses, elles se joignent aux colonies de rieuses. Des couples mixtes se forment même parfois.

Leurs propres colonies

Lorsque leur population croît au milieu des mouettes rieuses, les mouettes mélanocéphales partent créer leurs propres colonies comptant jusqu'à 1000 couples. Elles nichent dans des cuvettes peu profondes, sur un sol maigre, à côté de l'eau.

Menu varié

Tout ce qu'il est possible de trouver est aussitôt englouti. Au printemps et en été, il s'agit surtout de denrées animales comme des poissons, petits cadavres, vers et insectes. La mouette mélanocéphale les cherche surtout en marchant sur le sol ou dans l'eau peu profonde. Elle ne dédaigne pas quelques déchets faciles à trouver au passage.

Oiseau migrateur

La mouette mélanocéphale ne se reproduit dans notre pays que depuis 1964. Le nombre de couples progresse d'année en année. L'hiver, les oiseaux mettent le cap sur le pourtour méditerranéen et la Mer Noire.

☐ **Vu le**	......../......../20.....

BARGE À QUEUE NOIRE

Limosa limosa

Avec son grand bec, sa longue nuque et ses hautes pattes, la barge à queue noire est un oiseau très élégant. Malheureusement, ce grand oiseau littoral est en difficulté et déclaré « quasi menacé » à l'échelle mondiale.

— Plumage d'été

— Plumage d'hiver

37-42 cm

63-74 cm

de février à août

prairies humides, surtout en Flandre Occidentale

petits animaux

11 ans

****

5 TRAITS CARACTÉRISTIQUES

1. Plumage roux de la tête, du cou et de la poitrine, dos et ventre tachetés et striés
2. Très long bec droit coloré de rose ou de jaune et à pointe noire
3. En vol, de larges barres alaires blanches sont visibles
4. Bande terminale noire de la queue et carré blanc sur le croupion
5. Son cri « grutto-grutto-grutto » lui a donné son nom de grutto en néerlandais

☐ Vu le .... /........ /20.....

En hiver, la barge à queue noire perd sa coloration rousse, mais ses marques blanches restent bien visibles.

Fan d'humidité

La barge à queue noire apprécie les prairies humides, les fanges et les marais. Cette nature humide se fait de plus en plus rare et cet oiseau limicole en est la victime. Dans de nombreuses régions d'Europe, la barge à queue noire est en forte régression ou a même totalement disparu.

Cherche la petite bête

Perchée sur ses échasses, la barge à queue noire fouille de son long bec la vase et le fond des étangs pour dénicher toutes sortes de petites bêtes. En période de reproduction, ce régime riche en protéines est d'une importance vitale ; en-dehors, elle peut passer à une alimentation plus végétarienne.

Fidèle en amour

Les barges à queue noire restent longtemps fidèles à leur partenaire, mais prennent quand même la peine de se faire la cour. Le mâle s'envole haut dans le ciel puis redescend lentement en décrivant des orbes. Tout en poussant son cri distinctif pour que la femelle ne puisse se tromper.

Solidarité de groupe

La reproduction de la barge à queue noire est rapide : dans le nid posé au sol, les oeufs éclosent après 3 semaines, et encore 3 semaines plus tard les poussins volent déjà. Si un rapace est repéré, les barges à queue noire unissent leurs forces. Sans hésiter et en faisant grand bruit, elles encerclent l'intrus, qui doit repartir bredouille.

SON

ROSSIGNOL PHILOMÈLE

Luscinia megarhynchos

Cet oiseau mystérieux est à la fois banal par sa couleur brune et remarquable par son chant. Vous pouvez surtout le reconnaître à l'oreille, car vos yeux auront rarement l'occasion de le voir.

— Adulte chantant

Taille	**15-17 cm**
Envergure	**23-26 cm**
Période	**d'avril à août**
Habitat	**sous-bois humides, dunes**
Nourriture	**insectes, baies**
Espérance de vie	**2 ans**
Observation	********

5 TRAITS CARACTÉRISTIQUES

1. Oiseau d'un brun passe-partout
2. Queue rousse
3. Ventre beige et gorge encore un peu plus claire
4. Grand œil noir légèrement cerclé
5. Chant très sonore, mélodieux et varié

SON

Vous avez plus de chances d'entendre le rossignol que de le voir. Il n'attire pas visuellement l'attention et se cache mieux que personne. Même quand vous arrivez à localiser son chant, vous avez rarement vue sur son podium.

Show-off

La réputation de chanteur vedette du rossignol n'est pas usurpée. Selon certaines sources, il pourrait produire plus de 1000 sons différents. Pendant la journée, il chante pour délimiter son territoire, la nuit pour séduire une femelle. Celui qui chante le plus fort, le plus vite et de la plus haute branche a le plus de chances de conclure.

Sérénade en privé

Même quand il a réussi à séduire une belle, le rossignol continue à la bercer de son chant. Il écarte les ailes et reste collé à elle. Pour éviter qu'elle n'aille voir ailleurs.

À la queue leu leu

La femelle pond généralement cinq œufs dans le nid bâti dans un buisson bas ou un tas de branches. Les poussins quittent déjà le nid après une douzaine de jours pour apprendre à voler. À partir de ce moment, c'est le mâle qui s'occupe d'eux, tandis que la femelle enchaîne une nouvelle série d'œufs.

Quartiers d'hiver

Quand tous ses petits ont pris leur envol, le rossignol philomèle prend la direction de l'Afrique tropicale pour y hiverner. Il commence déjà sa migration à partir de juillet et en septembre tous les rossignols sont partis. Ils reviennent dans nos contrées à la mi-avril.

☐ **Vu le**	......../......../**20**.....

MILAN ROYAL

Milvus milvus

Le milan royal se reconnaît tout de suite à sa longue queue rousse fourchue. Assister à son vol de parade nuptiale est un spectacle époustouflant.

— En vol

— Parade nuptiale

61-72 cm

140-180 cm

de février à octobre

forêts et plaines, surtout dans les Cantons de l'Est

petits mammifères, oiseaux, charognes

4 ans

*****

5 TRAITS CARACTÉRISTIQUES

1. Corps roussâtre et tête gris clair
2. Queue profondément échancrée
3. En vol, ailes très découpées avec tache blanche en dessous
4. Garde la tête et la queue fléchies en vol
5. Cri haut perché « hiou-hiou-hiouou »

SON

Les jeunes milans royaux n'ont pas encore le ventre roux mais brun jaune.

Migrateur de passage et nicheur

En Flandre, vous avez surtout la chance d'apercevoir des milans royaux de passage, se déplaçant de leurs territoires d'hiver à ceux d'été. Une population stable niche dans l'est de la Belgique, en Haute Ardenne, et part hiverner dans le sud de l'Europe.

Manger à la fortune du pot

Le milan royal est un chasseur opportuniste. Il mange surtout des petits mammifères, mais ne dédaigne pas un morceau de cadavre au passage. Baraqué comme il est, il ose aussi s'approprier la prise d'autres rapaces. Au bord de l'eau, le milan royal cherche des poissons (presque) morts et, en-dehors de la saison de reproduction, il se régale aussi de vers et d'insectes.

Invitation à danser

Les couples exécutent leurs vols nuptiaux au mois de mars. Ils joignent parfois leurs griffes pour tourbillonner ensemble en spirale descendante. Ils ne se lâchent qu'arrivés au-dessus de la couverture des arbres.

Architecte d'intérieur

Le milan royal construit son nid au sommet d'un vieil arbre feuillu, parfois il retape un ancien nid de corneille. L'intérieur de son aire est agrémenté de laine de mouton, de restes de papier, de bouts de ficelle, de morceaux de tissus et autres déchets.

☐ Vu le	......../......../20.....

BERGERONNETTE PRINTANIÈRE

Motacilla flava

Balançant sa longue queue, vous pouvez observer régulièrement ce bel oiseau à proximité du bétail en pâture.

— Mâle

— Femelle

— Jeune

— Bergeronnette des ruisseaux

Longueur	15-17 cm
Envergure	23-27 cm
Période	mars à octobre
Habitat	prairies humides
Alimentation	insectes, araignées
Longévité	3 ans
Observation	**

5 TRAITS CARACTÉRISTIQUES

1. Dos vert olive et ventre jaune canari (la femelle a une couleur moins vive)
2. Tête gris souris et bandeau blanc au-dessus de l'œil
3. Pattes noires et fines, bec noir pointu
4. Longue queue noire bordée de blanc, hochée fréquemment
5. Son cri est un « tsîîîp » simple et doux

SON

Les juvéniles ne sont colorés de jaune pâle que sous la queue, pour le reste ils sont brun olive, avec la gorge et le ventre plus clairs, et leur bec n'est pas encore complètement foncé.

Différence avec la bergeronnette des ruisseaux

La grande sœur de la bergeronnette printanière se rencontre surtout sur des rochers dans les cours d'eau rapides et les torrents. La localisation est donc le premier critère pour distinguer les deux espèces. De plus, la bergeronnette des ruisseaux a la gorge noire, les pattes rose foncé et une plus longue queue.

Elle hoche la queue

La bergeronnette est aussi connue sous le nom de « hochequeue ». Elle hoche constamment la queue de haut en bas en arpentant le sol à la recherche d'un délicieux en-cas.

Amie du bétail

Son menu se compose notamment d'araignées, mouches, moustiques et coléoptères qu'elle saisit en sautillant. On la voit souvent chasser dans les prairies où il y a des vaches ou des chevaux, qui attirent beaucoup d'insectes.

Au ras du sol

Le mâle fait sa cour en approchant la femelle tout en faisant vibrer ses ailes ou en dansant. Ils font leur nid en terrain humide, au ras du sol entre les hautes herbes.

Oiseau migrateur

Après la période de nidification, les bergeronnettes repartent vers le Sahel, en Afrique. À partir de juillet, elles se regroupent déjà dans l'attente de leur grand voyage.

☐ **Vu le**	**......../......../20.....**

CASSENOIX MOUCHETÉ

Nucifraga caryocatactes

Ce bel oiseau n'a pas volé son nom. Le cassenoix possède les outils incorporés pour hacher finement les graines et les noix.

— Adulte

— Décortiquant

Taille	32-35 cm
Envergure	49-53 cm
Période	toute l'année
Lieu	est de la Belgique
Nourriture	noix, graines
Statut	inconnue
Observation	*****

5 TRAITS CARACTÉRISTIQUES

1. Plumage brun foncé très visiblement moucheté de blanc
2. Ailes et calotte de couleur unie
3. Queue brune à bande terminale blanche
4. Bec puissant de couleur foncée
5. Crie au printemps

Provisions pour l'hiver
Le cassenoix est omnivore. Mais s'il en a le choix, il opte résolument pour les noix et les graines. Il fait ses provisions pour l'hiver afin d'avoir constamment de la nourriture énergétique à sa disposition pendant la période la plus froide de l'année. Même sous la neige, il retrouve ses pécieuses denrées, bien cachées sous le sol ou dans un creux d'arbre.

Spécialiste des graines de pin
Certains cassenoix ont une nette préférence pour les graines de pin. Ils les sortent des pommes de pin avec leur langue fourchue. Les graines sont débarassées de leur peau dure dans le bec.

Spécialiste des noisettes
D'autres cassenoix font une fixation sur les noisettes. Ils les récoltent dans leur coquille, pour les casser plus tard de leur bec puissant.

Invasion de cassenoix
Le cassenoix habite surtout les régions nordiques. En Belgique, il ne niche qu'aux environs de Wanne (Trois-Ponts). Parfois, il fait son apparition ailleurs comme hôte d'hiver. Les années où les conifères de ses territoires de nidification portent peu de graines, il migre temporairement plus au sud. Cela peut prendre ici des allures d'invasion.

SON

☐ Vu le	......../......../20.....

COURLIS CENDRÉ

Numenius arquata

De son très long bec recourbé vers le bas, ce grand limicole fouille le sol et attrape tout ce qui bouge.

— Courlis cendré adulte parmi les salicornes

— Fourrageant

48-57 cm

89-106 cm

toute l'année, surtout en hiver

pâturages, surtout en Flandre Occidentale

petits animaux

8 ans

***

5 TRAITS CARACTÉRISTIQUES

1. Le plus grand des petits échassiers
2. Bec extrêmement long recourbé vers le bas
3. Brun clair à taches plus foncées, le dessous des ailes clair
4. Croupion blanc
5. Chante une mélodie intrigante pendant les parades

SON

Il n'a pas peur du vide

Le courlis cendré recherche les espaces bien ouverts, tant pour nicher que pendant l'hiver. Landes, fanges, prairies, champs et marais sont tous programmés dans son GPS intégré. Sa préférence pour les endroits plutôt secs distingue le courlis cendré des autres oiseaux limicoles.

Délicieuses bestioles

Pour fourrager, le courlis cendré choisit quand même des terrains humides. De son long bec, il remue le sol ou le fond vaseux d'une eau peu profonde à la recherche de vers, mollusques, crustacés, araignées et larves. Quand il a des jeunes, il déménage vers des lieux où il y a beaucoup d'insectes.

Parades mélodieuses

En parade nuptiale, le mâle survole son territoire en vol plané. Tout en volant, il émet un chant mélodieux et intime. En terminant sur un long vol coulé, il essaye de charmer une femelle et de l'amener à lui.

La touche féminine

Quand elle a mordu à l'hameçon, le mâle lui montre quelques cavités, qu'il a préparées à son intention. Le femelle indique son choix en aménageant son nid avec un minimum de matériaux végétaux. Les 3 à 4 œufs sont couvés et élevés par les deux parents. Les jeunes quittent immédiatement le nid et sont aptes au vol après un bon mois.

☐ Vu le	......../......../20.....

BALBUZARD PÊCHEUR

Pandion haliaetus

Cet oiseau aussi imposant que léger en vol fait halte dans notre pays chaque printemps et chaque fin d'été. Le voir chasser est un spectacle qu'on ne peut plus jamais oublier.

— Poste d'observation

— Essai de pêche raté

Taille	52-60 cm
Envergure	145-170 cm
Période	en avril et en septembre
Habitat	territoire riche en eau
Nourriture	poissons
Longévité	8 ans
Observation	*****

5 TRAITS CARACTÉRISTIQUES

1. Dessus brun chocolat et dessous blanc
2. Tête blanche aux yeux jaunes, œil barré d'un trait brun, huppe à l'arrière de la tête
3. Bandes horizontales foncées sur la queue
4. Souvent une bande pectorale brune
5. Longues ailes étroites avec 4 rémiges écartées

SON

Astuces pour l'observer

Pour avoir l'occasion de voir un balbuzard pêcheur, le timing est important.
Au printemps, il se pose ici en avril (et parfois déjà la dernière semaine de mars). À l'arrière-saison, la bonne période est de mi-août à fin septembre.

Pêcheur implacable et rusé

Perché sur un poste d'observation ou en vol sur place, le balbuzard pêcheur guette une victime qui ne se doute de rien. À une vitesse de 30 à 70 km/h, il plonge vers l'eau les serres tendues vers l'avant pour saisir sa proie. Il n'est pas rare qu'il prenne un bain complet.

Des serres d'enfer

Les pattes du balbuzard pêcheur sont spécialement équipées d'aspérités aiguës sur la voute plantaire. Elles assurent l'adhérence sur le corps glissant des poissons. Pour avoir plus de prise et de force, l'oiseau peut faire pivoter son doigt externe réversible vers l'arrière.

Le monde est sa patrie

Ce rapace imposant vit dans chaque continent à l'exception de l'Antarctique. Il hiverne en Amérique du Sud et en Afrique et se reproduit au nord. Depuis 2016, il est revenu nicher aux Pays-Bas, dans le Biesbosch.

Poteaux de nidification

Espérons que ce n'est plus qu'une question de temps avant que le balbuzard pêcheur ne vienne aussi élever ses jeunes en Belgique. L'oiseau peut y profiter du développement de nouvelles zones humides. À des endroits stratégiques, des poteaux de nidification attendent un premier couple amoureux.

☐ **Vu le**	......../......../**20**.....

MÉSANGE CHARBONNIÈRE

Parus major

Le plus grand membre de notre famille de mésanges fait partie du top trois des oiseaux les plus observés dans les jardins.

— Adulte

— Jeune et adulte

13,5-15 cm

22,5-25,5 cm

toute l’année

forêts, parcs et jardins

insectes, graines, pépins

3 ans

*

Attentivement —

5 TRAITS CARACTÉRISTIQUES

1. Dos vert olive, ailes et queue d’un bleu mat
2. Ventre jaune avec large bande centrale noire du cou à la queue
3. Tête noire à joues blanches
4. Lignes blanches sur les ailes
5. Chant puissant, clair et variable, dont le plus connu est le « tsi-tsi-pa »

Les jeunes mésanges charbonnières ont une couleur plus délavée et des joues jaunes.

La cravate fait l’homme

Les mâles portent une cravate noire beaucoup plus large que celle des femelles. Plus elle est large, plus ils ont de succès auprès de l’autre sexe. La plupart du temps, les couples de mésanges ne restent ensemble qu’une seule saison, mais certains se retrouvent l’année suivante.

Cavernicole

Dans la nature, la mésange charbonnière recherche des cavités pour y nicher, comme de vieux nids de pics ou des trous d’arbre. En ville, elle choisit parfois des creux sous les tuiles, des renfoncements dans les murs ou même des boîtes aux lettres. En mettant un nichoir adapté à disposition, on est presque sûr d’avoir des locataires.

SON

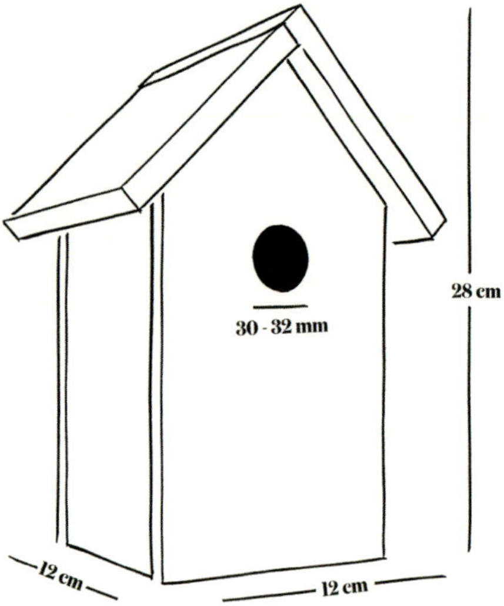

— Nourrissage

Près d'une cavité dans un arbre —

Nichoir
Le nichoir destiné à la mésange charbonnière ressemble beaucoup à celui de la mésange bleue. Vous pouvez globalement conserver les mêmes dimensions, mais la charbonnière a besoin d'un plus grand trou d'envol (30-32 mm).

Nourrissage
Les hivers rigoureux sont redoutables pour la mésange charbonnière. Heureusement, on la gâte partout avec des boules de graisse et des mangeoires de graines. Faites le bonheur des mésanges de votre jardin avec des cacahuètes non salées, des faines et des graines de tournesol.

☐ **Vu le**	......../......../**20**.....

MOINEAU DOMESTIQUE

Passer domesticus

Ce fier citadin adore les jardins sauvages où il peut trouver quantité de graines, baies et insectes.

— Couple

— Moineaux friquets

14-16 cm

19-25 cm

toute l'année

à proximité des gens

graines, insectes

3 ans

*

Mâle adulte —

5 TRAITS CARACTÉRISTIQUES

1. Ventre gris, dos brun et noir
2. Plumage bouffant
3. Mâle : sommet de la tête gris à bord brun, bavette noire et trait noir sur l'œil, tache gris clair sur la joue, aile barrée de blanc, bec sombre
4. Femelle : sommet de la tête brun, aile barrée de brun clair, le trait de l'œil commence au coin de l'œil, bec plus clair
5. Pépie et gazouille en séquences simples

Différence avec le moineau friquet
Tant le mâle que la femelle du moineau friquet ont une calotte entièrement brune et une tache plus foncée sur la joue. Une fois que l'on sait cela, la confusion n'est plus possible !

Exhibitionniste
La grandeur de sa bavette noire renseigne sur la fertilité du mâle. Plus la marque est grande, plus ses testicules sont grands et plus il est populaire auprès des dames.

Nichoir
Avec le nichoir approprié, vous attirerez peut-être un couple de moineaux domestiques dans votre jardin. Les dimensions idéales sont de 12 x 12 x 28 centimètres avec un trou d'envol de 3,5 centimètres.

SON

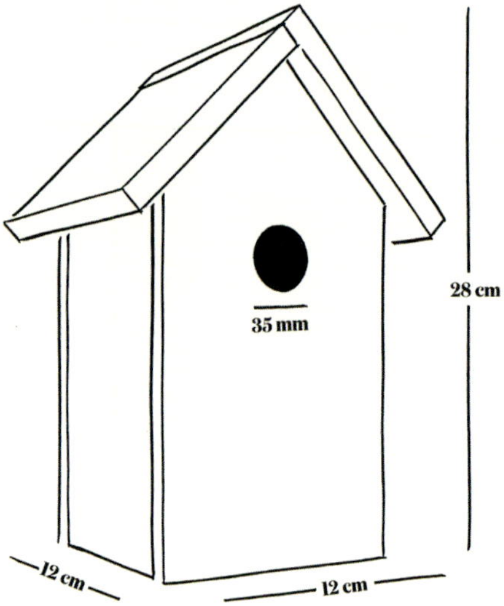

— Famille

Nid —

Apparts pour moineaux

Les moineaux aiment vivre proches les uns des autres, vous pouvez donc leur bricoler une habitation à deux ou trois étages. Mais les femelles tiennent au chacun chez soi. Veillez donc à ce que chaque appartement ait son propre trou d'envol.

Un poids, deux mesures

Lorsqu'ils se sont installés dans votre jardin, vous pouvez passer tout l'été en jeune et joyeuse compagnie. Les couples de moineaux domestiques se restent fidèles pour la vie et élèvent chaque année 2, 3 ou même quatre nichées. Ils sont moins fidèles à leurs descendants : la femelle va de temps en temps pondre un œuf en plus dans un autre nid.

☐ **Vu le**	.... /........ /**20**.....

PERDRIX GRISE

Perdix perdix

Comme la plupart des oiseaux des champs, la perdrix grise peut avoir du mal à se maintenir dans un territoire agricole cultivé de plus en plus de manière intensive.

— Couple d'adultes

— Adulte entouré de juvéniles

28-32 cm

46-53 cm

toute l'année

champs et prairies

graines, fruits, herbes et insectes

3 ans

****

5 TRAITS CARACTÉRISTIQUES

1. Oiseau « rond » à petite tête et corps gris strié de brun
2. Queue, face et gorge roux orangé
3. Flancs rayés
4. Tache brun foncé sur le ventre, plus petite chez la femelle
5. Émet un cri mécanique, presque rieur, en s'envolant

SON

Jeunes perdrix
La perdrix n'acquiert sa couleur grise qu'en vieillissant. Son jeune ressemble plus à une caille adulte, mais en version trapue.

En danger
Tout comme les autres oiseaux des champs, la perdrix grise est chez nous en péril. Elle est inscrite sur la liste rouge des oiseaux menacés d'extinction, notamment à cause de la disparition des haies et des bordures herbeuses avec la banalisation de l'espace agricole.

À la chasse aux insectes
Cette végétation sauvage garantit la présence de nombreux insectes. Et ceux-ci sont nécessaires pour fournir suffisamment d'énergie aux jeunes perdrix dont le développement est très rapide.

Tout de suite aux taquets
La perdrix n'a qu'une seule couvée par an, mais avec en moyenne 15 œufs, dans un nid posé à même le sol. Les petits peuvent tout de suite quitter le nid. Après 2 semaines, ils sont déjà capables de voler.

Happy family
Les parents s'occupent ensemble de leur progéniture, même si le rôle du mâle est surtout de monter la garde. Quand les jeunes ont éclos, ils partent en balade avec toute la famille. À l'âge de 5 semaines, les jeunes sont totalement indépendants.

Le saviez-vous?
Le plus grand nid de perdrix jamais découvert comptait 29 oeufs.

☐ **Vu le**	.... /........ /20.....

BONDRÉE APIVORE

Pernis apivorus

Ce rapace s'est spécialisé dans la destruction des nids de guêpes. Pratique !

— Adulte

— En vol

— Au nid

Taille	52-59 cm
Envergure	113-135 cm
Période	d'avril à septembre
Habitat	forêts à larges clairières
Alimentation	(larves de) guêpes et abeilles, autres petits animaux
Statut	inconnue
Observation	*****

5 TRAITS CARACTÉRISTIQUES

1. Oiseau gris-brun à dessins variables
2. Tête gris ardoise et iris jaune
3. Queue marquée de trois barres foncées bien distinctes
4. Tache plus foncée à la base des rémiges
5. Appelle haut et fort d'une voix qui saute une tonalité

☐ Vu le	.... /........ /20.....

SON

Il est difficile de décrire exactement l'apparence de la bondrée apivore. Son plumage est tout aussi variable que celui de la buse variable, dont elle est proche. On confond souvent celle-ci avec les jeunes bondrées.

Le contre-pied

Alors que nous avons tendance à tourner les talons quand il y a des guêpes dans les environs, la bondrée apivore fait exactement l'inverse. Elle poursuit les abeilles sociales et les guêpes jusqu'à l'entrée de leur nid souterrain.

Tenue de protection

La bondrée apivore déterre ensuite le nid dont elle mange surtout les œufs et les larves. Les plumes denses de sa tête et ses épaisses jambières la protègent des piqûres. Des narines en fentes étroites et d'épais sourcils protègent les parties les plus vulnérables.

Menu à emporter

Elle nourrit aussi ses jeunes de couvain de guêpes, par exemple en emportant des rayons entiers jusqu'à son nid.

Alimentation alternative

Lorsqu'il n'y a plus assez d'abeilles et de guêpes à trouver, la bondrée apivore passe aux oisillons, lézards et amphibiens. Comme son plat principal n'est plus du tout disponible en hiver, elle met alors cap au sud.

Le vol du papillon

Pendant la période de parade, le mâle de la bondrée apivore exécute un numéro spécial. Il glisse en fendant l'air, prend un peu de hauteur et claque ses ailes tendues au-dessus de son dos. Exactement dans la position d'un papillon.

Habitat vert

La bondrée apivore bâtit un nid plutôt petit tout en haut d'un arbre. Elle recouvre l'extérieur de feuilles et rameaux frais, qu'elle remplace régulièrement.

GRAND CORMORAN

Phalacrocorax carbo

Vous pouvez rencontrer le grand cormoran, debout les ailes déployées, au bord de l'eau. C'est ainsi qu'il sèche son plumage après un plongeon.

— Adulte en tenue de cérémonie

— Nids

— Plumage d'hiver en posture de séchage

	77-94 cm
	121-149 cm
	toute l'année
	au bord de l'eau, parfois en mer
	poissons
	17 ans
	**

5 TRAITS CARACTÉRISTIQUES

1. Oiseau noir avec un reflet vert bleuté et parfois bronze sur le dos
2. Bec puissant à bout crochu
3. Base du bec jaune, menton et joues blancs
4. Plumes blanches sur le cou, la nuque et la cuisse en période de nidification
5. Pattes noires solides mais courtes

SON

PAS IMPERMÉABLE

Le grand cormoran est un remarquable plongeur qui va attraper les poissons jusqu'à 10 mètres de profondeur. Il doit, entre autres, cette agilité au fait que son plumage n'est pas imperméable. Après la chasse, il doit donc prendre le temps de faire sécher ses ailes, déployées dans une attitude caractéristique.

Niche en colonie

De décembre à août, les grands cormorans se rassemblent dans des arbres au bord de l'eau. Chaque couple bâtit un grand nid de branchettes, roseaux et algues séchées. Le son bourdonnant qui s'élève de ces colonies de nidification est très caractéristique, en hiver on les entend à peine.

Chasse à courre sous l'eau

Contrairement au martin-pêcheur, par exemple, qui localise d'abord sa proie au-dessus de l'eau pour l'attraper d'un vol rapide, le grand cormoran développe une véritable stratégie sous-marine. Il plonge tête la première, chasse les poissons et les accule dans un coin avant de s'en saisir. Son bec crochu lui permet d'attraper des poissons très glissants.

Perchoir en péril

Quand ils ne sont pas en train de chasser, les grands cormorans se reposent sur une branche qui leur sert de poste d'observation. Leurs arbres préférés ont beaucoup à en souffrir : les fientes très acides de ces oiseaux attaquent tellement les branches que l'arbre perd ses feuilles et finit même par mourir.

Saviez-vous que...

... le grand cormoran ingurgite dans les 750 g de poisson par jour ?

☐ **Vu le**	......../......../**20**....

PIE BAVARDE

Pica pica

Un oiseau plutôt ordinaire, la pie bavarde ? La prochaine fois, regardez-la d'un peu plus près. Vous ne vous attendiez pas à ce qu'elle soit aussi haute en couleur !

— En vol

— Nid

— Adulte

	40-51 cm
	52-60 cm
	toute l'année
	paysages ouverts avec arbres, parcs, villes
	omnivore
	3 ans
	*****

5 TRAITS CARACTÉRISTIQUES

1. Oiseau noir à reflet métallique bleu vert
2. Ventre et mantelet blancs
3. En vol, les rémiges blanches de l'aile sont visibles
4. Très longue queue
5. Yeux noirs et bec puissant

SON

La pie bavarde porte bien son nom. Elle jacasse et pousse des cris rauques en signalant bruyamment sa présence.

Manger à la fortune du pot

Cet oiseau est indéniablement omnivore. Coléoptères, insectes, vers, baies, fruits, œufs et petits vertébrés, tout fait farine à son moulin. Si des pies bavardes visitent votre potager, elles contribuent sûrement à en éliminer les limaces et les larves. Mais il y a encore une autre raison qui attire les pies en ville : la présence de délicieuses... poubelles !

Balayeuses routières

Les pies se montrent aussi très utiles le long des routes et autoroutes. Elles éliminent les cadavres des animaux écrasés en gardant nos voies plus propres.

Est-elle voleuse ?

Il peut arriver qu'une pie s'envole en emportant un objet brillant, mais c'est loin d'être un comportement courant. Les pies ont toutefois tendance à dissimuler des provisions, ce qui leur a valu mauvaise réputation.

Un nid remarquable

Les pies construisent leur nid en forme de coupe en haut des grands arbres. Pour les « fondations », elles consolident un enchevêtrement de branchages avec de la terre glaise ou de la boue. De là, elles élèvent les murs, qui sont revêtus à l'intérieur de terre encore humide. Et un toit vient protéger leur couvée des regards indiscrets et affamés.

Pica

Le nom scientifique de la pie vous évoque peut-être quelque chose ? C'est aussi le nom d'un trouble alimentaire, la maladie de pica, qui amène les gens comme les animaux à ingérer des choses non comestibles. Une allusion évidente à la pie qui pique tout ce qu'elle rencontre (mais ne l'avale pas nécessairement).

☐ **Vu le**	......../......../**20**.....

SPATULE BLANCHE

Platalea leucorodia

Elle a des airs d'oiseau exotique avec ce bec en forme de spatule qui lui a donné son nom. Et c'est ce qu'elle est dans un certain sens, car les cas de nidification sont encore très rares dans notre pays.

— Adulte

— Jeunes

— Groupe en train de fourrager

— Les spatules se brossent

80-93 cm

115-135 cm

de mars à octobre

eaux peu profondes

petits animaux aquatiques

inconnu

****

5 TRAITS CARACTÉRISTIQUES

1. Oiseau blanc à longues pattes noires
2. Bec foncé à bout jaune, en forme de spatule
3. Huppe peignée vers l'arrière
4. Vole le cou tendu
5. Tache orange sur la poitrine en été

SON

Les jeunes spatules ont les pattes et le bec clairs, l'extrémité des plumes de leurs ailes est noire.

Pêche à la cuillère

Un coup à gauche, un coup à droite : c'est ainsi que la spatule fouille l'eau de son bec pour y trouver sa nourriture. Elle balance en permanence la tête et fait couler l'eau le long des poils tactiles ultrasensibles de son bec au bout élargi.

Menu fretin

Si quelque chose de bon lui passe au bout du bec, la spatule l'attrape aussitôt. C'est ainsi qu'elle avale notamment de tout petits poissons, amphibiens, larves de libellules et petits crustacés.

Niche en colonies

Pendant longtemps, la spatule blanche n'est apparue ici que comme migrateur de passage. Aujourd'hui, elle vient aussi nicher en petit nombre en Flandre : dans le Zwin, le Blankaart et le Waaslandhaven. Les couples choisissent des marais à roselières pour y établir leur nid.

Croiser les spatules

Quand les mâles arrivent ici en venant du sud, ils revendiquent leur territoire de nidification sur le site de la colonie. Ils le défendent contre les intrus en battant des ailes et claquant du bec. Quand une femelle se présente, le mâle incline la tête, présente le matériau de construction pour le nid et les amoureux signent leur contrat en frottant leurs becs l'un contre l'autre.

☐ **Vu le**	......../......../20.....

GRÈBE HUPPÉ

Podiceps cristatus

Ce superbe oiseau lacustre, portant fièrement sa huppe en été, disparaît parfois plusieurs minutes sous l'eau pour pêcher un poisson.

— Plumage d'hiver

— Parade nuptiale

— Danse du manchot

— Poussins sur le dos

46-51 cm

59-63 cm

toute l'année

sur l'eau

poissons, insectes aquatiques

10 ans

**

5 TRAITS CARACTÉRISTIQUES

1. Cou long, fin et droit, bec rose et allongé
2. 50 nuances de brun sur le dos, dessous blanc
3. Yeux rouge vif d'où part une ligne en direction du bec
4. Masque blanc et plumes noires sur le crâne, formant une double huppe en été
5. Aussi en été : collerette de plumes rousses à bout noir

SON

Plus sobre en hiver

En hiver, le grèbe huppé reste très élégant, mais avec un peu moins d'esbroufe. La couleur s'atténue jusqu'au brun délavé, les plumes noires de la tête sont nettement plus courtes et la collerette disparaît totalement.

La danse des grèbes huppés

Monsieur et Madame Grèbe, portant exactement la même tenue, interprètent au printemps (parfois même à la fin de l'hiver) un ballet aquatique spectaculaire. Pendant cette parade nuptiale, ils gonflent leur huppe et leur collerette tout en secouant la tête pour se faire voir sous leurs meilleurs angles. Ils exécutent des figures de danse très hype comme celle « du manchot » (dressés cou étendu et poitrine contre poitrine), du « chat » (ailes déployées et cou rentré) et du « fantôme » (en surgissant brusquement hors de l'eau). Entre-temps, ils plongent régulièrement pour ramener des plantes aquatiques qu'ils s'offrent mutuellement.

Sons de gorge

Le grèbe huppé n'est pas seulement facile à observer, il est aussi agréable à entendre. Pour délimiter son territoire en période nuptiale, il fait résonner son appel roulé, des sons de gorge avec beaucoup de « rrr » et de « ooh ». Les jeunes pépient à qui mieux mieux pour réclamer de la nourriture.

Maman les p'tits bateaux ont-ils des zèbres ?

Rayés de noir et blanc, les jeunes du grèbe huppé ressemblent à de tout petits zèbres. Pendant leurs premières semaines, ils sont transportés sur le dos de leurs parents. En grandissant, leurs rayures disparaissent progressivement.

☐ Vu le	......../......../20.....

En groupes en hiver

Autant les grèbes huppés peuvent avoir le sens de leur territoire pendant la période de nidification, autant ils apprécient la compagnie de leurs semblables en hiver. Ils se réunissent en grands groupes sur de vastes plans d'eau, parfois même sur la mer.

La famille des grèbes

Outre le grèbe huppé « commun », d'autres membres de la famille des grèbes évoluent sur nos lacs et étangs. Du plus grand au plus petit :

— Le **grèbe jougris** a le dessous du cou roux plutôt qu'une collerette avantageuse et son chapeau noir descend jusqu'en dessous de l'œil.

— Le **grèbe esclavon** se fait remarquer par le large trait jaune d'or qui souligne ses yeux et s'étire sur toute sa tête noire.

— Le **grèbe à cou noir** a la tête et le cou entièrement noirs, avec des plumes orange sur les oreilles et des yeux rouge vif.

— Le **grèbe castagneux** a un cou d'un brun profond et une tête noire à partir du dessous de l'œil.

— ??

— Grèbe jougris

— Grèbe esclavon

— Grèbe à cou noir

— Grèbe castagneux

Nid —

Nid flottant
Avec ses courtes pattes dans le prolongement du corps, le grèbe huppé est un nageur de compétition. Mais revers de la médaille, cette morphologie est un handicap pour se déplacer sur la terre ferme, où il se traîne péniblement. C'est pourquoi il construit pour ses petits un nid flottant, de préférence bien dissimulé dans les roseaux.

Le saviez-vous?
Le grèbe plonge souvent longtemps sous l'eau, pour pêcher mais aussi pour semer astucieusement ses ennemis. Il peut même disparaître 3 minutes sous l'eau.

ACCENTEUR MOUCHET

Prunella modularis

L'accenteur mouchet est un des premiers oiseaux que vous pouvez entendre chanter au tout début du printemps. Surtout si vous avez une haie dans votre jardin.

— Adulte

— Chantant

— Moineau domestique

	13-15 cm
	20 cm
	toute l'année
	buissons
	insectes, araignées, graines
	2 ans
	**

5 TRAITS CARACTÉRISTIQUES

1. Dos brun rayé de noir
2. Tête et ventre gris souris
3. Tour de l'œil et couronne rayés de noir
4. Bec fin et pointu
5. Chant vigoureux et aigu très reconnaissable

Partout et nulle part

L'accenteur mouchet se fait peu remarquer alors qu'il est présent partout, y compris dans nos jardins. Il se dissimule la plupart du temps dans les buissons, sauf quand le mâle entonne son chant nuptial. Il s'installe alors bien à découvert au-dessus de votre haie !

Pas un bec de moineau

Ce petit oiseau brun est souvent confondu avec le moineau domestique ou le moineau friquet. Mais leur profil permet de les identifier : l'accenteur mouchet a un fin bec pincé, alors que les moineaux ont un bec conique.

Il lui picote le cloaque

Pendant leur période de fécondité, les accenteurs mouchets s'accouplent parfois deux fois par heure. Le mâle picote d'abord dans le cloaque de la femelle pour en éliminer le sperme concurrent. L'acte lui-même ne prend qu'un bref instant.

Oiseau dévergondé

Les accenteurs mouchets sont peut-être les bonobos des oiseaux : ils pratiquent le sexe avec tout ce qui bouge. Les mâles essaient d'attirer plusieurs femelles dans leur territoire, mais les femelles s'accouplent aussi en catimini avec autant de mâles que possible.

Jeune de coucou

Dans un nid d'accenteurs mouchets, vous trouvez donc des jeunes de différents pères. Et de temps à autre, il y en a un qui est clairement « l'enfant du facteur » : le coucou.

SON

☐ **Vu le**	......../......../20.....

PERRUCHE À COLLIER

Psittacula krameri

Cette grande perruche aux couleurs chatoyantes est incontournable dans nos villes. Et pourtant, elle ne vit chez nous que depuis les années 60, après l'acclimatation réussie de quelques oiseaux échappés.

— Mâle

— Femelle

— Groupe dans un arbre

Longueur	37-43 cm
Envergure	42-48 cm
Période	toute l'année
Lieu	villes
Nourriture	graines, fruits
Statut	inconnue
Observation	**

5 TRAITS CARACTÉRISTIQUES

1. Plumage vert gazon avec un « bec de perroquet » rouge
2. Longue queue pointue qui se déploie en vol
3. Mâle : menton noir qui se transforme en un collier rose-rouge
4. Femelle : collier absent ou très peu visible
5. Bruyant pépiement

SON

« Ouvrez, ouvrez la cage aux oiseaux »

Dans les années 60, les premiers oiseaux échappés se sont acclimatés chez nous. Leur population a été sérieusement boostée quand un zoo de Bruxelles a relâché 45 oiseaux en 1974 pour faire un coup de pub. La sous-espèce qui survit sous notre climat est originaire des pentes basses de l'Himalaya.

Une authentique citadine

La perruche à collier séjourne uniquement dans et autour des grandes villes. Elle est surtout omniprésente à Bruxelles, mais elle a aussi été observée à Anvers, Gand, Courtrai, Diest, Lommel et dans le Brabant wallon. En pleine nature, elle trouve trop peu de nourriture pour survivre en hiver.

Plaie sonore ?

Cet oiseau ne trouvant pas sa place dans notre nature, son agitation est rarement appréciée. En dehors de la saison de reproduction, les perruches à collier se réunissent en bandes bruyantes sur leurs arbres dortoirs préférés. Elles peuvent aussi faire des ravages dans les arbres fruitiers et dévaliser les mangeoires bien garnies des jardins urbains.

Concurrente de la sittelle torchepot

Tout comme la sittelle, la perruche à collier fait son nid dans une cavité d'arbre. Mais comme elle commence à nidifier beaucoup plus tôt dans l'année, elle rafle les meilleurs spots à la sittelle torchepot, qui doit se contenter de gîtes de second choix.

☐ Vu le	......../......../20.....

AVOCETTE ÉLÉGANTE

Recurvirostra avosetta

Tout en déambulant dans l'eau, l'avocette y puise sa nourriture de son long bec recourbé vers le haut.

— Accouplement

— Adulte

— Jeune

Taille	**42-46 cm**
Envergure	**67-77 cm**
Période	**de mars à octobre, en hiver uniquement à la côte**
Habitat	**surtout près des eaux saumâtres**
Nourriture	**vers, insectes, petits crustacés**
Longévité	**6 ans**
Observation	**

5 TRAITS CARACTÉRISTIQUES

1. Longues pattes couleur bleu layette
2. Fin bec noir retroussé
3. Plumage blanc
4. Bandes noires sur la tête (jusqu'en dessous de l'œil), la nuque, les ailes et la queue
5. Son cri lui a donné son nom en néerlandais : « kluut-kluut »

La jeune avocette a pratiquement les mêmes marques que ses parents, mais dans des teintes brunes qui évolueront progressivement vers le noir.

Oiseau pionnier
L'avocette n'aime pas l'abondance végétale. Elle fourrage de préférence dans des endroits sans végétation et sait où trouver ce genre de territoire. Dès qu'il y apparaît trop de verdure, elle part ailleurs.

Au toucher
De son bec très particulier, l'avocette recherche les petits animaux aquatiques au toucher. Elle balance pour cela la tête de gauche à droite tout en remuant le fond de ses pattes palmées pour réveiller ses proies.

Prolonger les préliminaires
Quand une femelle s'incline en plongeant le bec dans l'eau, le mâle sait qu'elle est prête pour l'accouplement. Il fait durer le plaisir en lissant ses plumes et la taquine en l'éclaboussant d'eau. Il lui saute enfin sur le dos avec ses grandes échasses pour un acte plutôt bref.

Nid spartiate
L'avocette est vite contente et dépose ses œufs dans un petit creux au milieu d'un terrain sableux ouvert. L'oiseau nidifie en colonie ; dans notre pays, principalement au Linkeroever (rive gauche de l'Escaut à Anvers) et aux Oostkustpolders (polders de la Côte orientale).

SON

☐ **Vu le**	......../......../**20**.....

HIRONDELLE DE RIVAGE

Riparia riparia

La plus petite de nos hirondelles ne niche pas à proximité des humains, mais dans de profondes cavités qu'elle creuse dans une rive escarpée. Quand vous savez où trouver une colonie, vous pouvez la reconnaître facilement.

— Adulte

— Nids dans une sablière

	12 cm
	26-29 cm
	d'avril à septembre (en moindre mesure, mars-octobre)
	flancs escarpés des berges de rivière
	petits insectes volants
	2 ans
	***

5 TRAITS CARACTÉRISTIQUES

1. Dos et ailes gris-brun
2. Ventre et menton blancs, avec barre de poitrine brune
3. Queue d'hirondelle peu fourchue
4. Bec court et pointu
5. Appel et chant plutôt grinçants

SON

Au ras de l'eau

L'hirondelle de rivage chasse les petits insectes juste au-dessus de la surface de l'eau. Elle vole vite au ras de l'eau et attrape tout ce qu'elle rencontre au passage.

Nicheuse en colonies

Les hirondelles de rivage passent l'hiver au sud-ouest de l'Afrique et reviennent nicher chez nous en colonies de plus de 50 couples. Avant de s'y fixer, le groupe d'oiseaux survole pendant quelques jours une nouvelle localisation. Celle-ci doit répondre à des exigences strictes : une paroi abrupte, dans un matériau tendre et à proximité immédiate de l'eau.

Une caverne magique

Le mâle de cette petite hirondelle creuse un couloir d'entrée de 120 centimètres de long qui aboutit à une chambre nuptiale toute douillette. Il la revêt d'herbes, de poils et de plumes. Lorsque les jeunes ont pris leur envol, la plupart du temps en août, la colonie quitte le lieu de nidification. La population se rassemble dans de grandes roselières pour repartir en groupe, aux environs de septembre, vers le lieu d'hivernation.

Sites de nidification en danger

Les berges naturelles convenant à l'hirondelle de rivage se font de plus en plus rares. Aujourd'hui, cet oiseau occupe aussi des carrières de pierres et d'argile et des sablières, mais ces sites restent eux aussi trop rares. Lors des terrassements, une paroi est souvent gardée libre, à l'intention de cette espèce d'hirondelle strictement protégée.

☐ **Vu le**	......../......../20.....

SITTELLE TORCHEPOT

Sitta europaea

La sittelle torchepot est une véritable championne d'escalade qui grimpe et descend les troncs à toute allure. Oui, aussi tête en bas. Aucun autre oiseau de Belgique ne fait ça !

— Adulte

12-14,5 cm

22,5-27 cm

toute l'année

forêt, parc et jardin

insectes, graines, noix

2,5 ans

***

5 TRAITS CARACTÉRISTIQUES

1. Aspect râblé avec grande tête, bec pointu, queue courte et presque pas de cou
2. Dos, ailes et queue bleu azuré
3. Ventre et poitrine orange rouille
4. Œil souligné d'un trait noir et joues blanches
5. Se déplace par saccades sur les troncs auxquels elle semble « coller » un peu de guingois

SON

Appels sonores

La sittelle torchepot peut faire un sérieux tapage pour un aussi petit oiseau. Il est d'ailleurs plus facile de l'entendre que de la voir. Encore faut-il savoir ce qu'il faut écouter pour l'identifier, car la sittelle torchepot possède un grand répertoire de sons dans son registre : du pépiement court et aigu à la trille rectiligne en passant par les longues notes flûtées.

Grimpeur insectivore

La sittelle torchepot ne joue pas à sautiller sur les troncs, elle y cherche attentivement des insectes entre les plis de l'écorce. Quand elle dispose de beaucoup de graines et de noix à l'arrière-saison, elle les dissimule dans une de ces crevasses pour pouvoir en disposer plus tard.

Un oiseau aux grands pieds

Contrairement au pic, qui utilise aussi sa queue pour grimper, la sittelle torchepot ne compte que sur la force de ses pattes courtes aux longs doigts. Une patte est toujours un peu plus haut et l'autre est ramenée près d'elle. En descente, la patte la plus haute empêche l'oiseau de dégringoler. C'est pourquoi la sittelle torchepot a toujours l'air d'être un peu suspendue de travers.

Cavité de nichage avec room service

Le mâle séduit sa dulcinée en lui montrant différentes cavités : arbres vermoulus, anciens nids de pics, nichoirs, trous de murs... Mais c'est Madame qui choisit finalement la maison. Aussitôt commencent les travaux de maçonnerie : le trou d'entrée est rétréci afin de laisser tout juste passer une sittelle torchepot. Parfois même le mâle emmure complètement la future maman qui couve, en laissant simplement une fissure pour lui livrer sa nourriture.

☐ Vu le	......../......../20.....

STERNE PIERREGARIN

Sterna hirundo

Avec des îles artificielles et des nichoirs flottants, la disparition du territoire de nidification de ces hirondelles de mer est en partie compensée.

— Plumage d'été

— Plumage d'hiver

— Juvénile

— Offrande de proie

34-37 cm

70-80 cm

d'avril à octobre

côte, rivières, lacs

petits poissons, amphibiens, crustacés, insectes

10 ans

****

5 TRAITS CARACTÉRISTIQUES

1. Dessus gris bleu, dessous gris clair
2. Été : calotte, nuque et front noirs, bec rouge corail à pointe noire
3. Hiver : front blanc et bec sombre
4. Queue fourchue pendant le vol
5. Les colonies criaillent bruyamment

SON

Les juvéniles ont un plumage uni avec des accents couleur sable.

Différence avec la sterne arctique

La sterne pierregarin est juste un peu plus grande, elle a la tête et le bec juste un peu plus longs et les pattes juste un peu plus longues. En plus, la sterne arctique a la poitrine et le ventre plus gris en été et son bec n'a pas de pointe noire.

La deuxième île à gauche

La sterne pierregarin nidifie en Flandre, à nonante pour cent dans les zones portuaires de Zeebrugge et Anvers. Un autre site très populaire est le Zwin. Chaque année, les colonies viennent se reproduire exactement sur la même petite île.

Technique de pêche

Les sternes pierregarin parcourent de longues distances entre leur territoire de reproduction et les eaux où elles pêchent. Comme les rapaces, elles font du vol sur place pour repérer les petits poissons qui osent se montrer juste sous la surface.

Liste de naissance

Pendant la parade, le mâle apporte un délicieux en-cas à sa moitié, avec qui il reforme le même couple chaque année. Plus il peut réunir de poissons, plus la ponte de l'année sera importante.

Bec et ongles

Même si elle niche en colonies, la sterne pierregarin a un instinct territorial agressif. Elle peut même s'en prendre aux promeneurs et à leurs chiens. Elle niche donc de préférence sur une petite île sûre pour éviter les dépenses d'énergie.

☐ **Vu le**	......../......../20.....

CHOUETTE HULOTTE

Strix aluco

Difficile d'apercevoir la chouette hulotte pendant ses escapades nocturnes. Mais connaisseur de la nature ou pas, l'appel spectral du mâle peut vous donner la chair de poule. Son hululement prolongé, « ou-hou-ou-hou, ou-ou-ou », a d'ailleurs été utilisé dans plus d'un film d'horreur pour créer une sensation de malaise.

— Adulte

37-39 cm

94-104 cm

toute l'année

bois et forêts

insectes et
petits rongeurs

4 ans

****

En vol —

5 TRAITS CARACTÉRISTIQUES

1. Plumage tacheté brun rouge ou gris brun
2. Ventre de crème à beige avec des stries plus foncées
3. Tête ronde avec de grands yeux noirs
4. Lunettes en forme de huit autour des yeux avec au-dessus du bec une séparation plus claire en « X »
5. Pas d'aigrettes de plumes ou « oreilles »

SON

Madame la chouette hulotte

La femelle est plus grande que le mâle et son cri est plus bref et strident.

Sur la piste de la chouette hulotte

Il n'est pas facile de localiser une chouette hulotte bien camouflée, mais parfois d'autres oiseaux peuvent vous y aider. Pendant la journée, quand le rapace nocturne se repose, il est parfois houspillé bruyamment par des petits passereaux. Si vous trouvez aussi des pelotes de réjection dans le voisinage, vous êtes avec certitude sur la piste de sa retraite.

Oreilles hypersensibles

La chouette hulotte se poste sur une branche élevée et localise ses proies purement à l'oreille. Ses deux oreilles ne sont pas situées à la même hauteur, si bien que les bruissements des proies arrivent un rien plus tard dans l'une que dans l'autre. La chouette hulotte détecte ainsi parfaitement la position de sa victime.

☐ Vu le	......../......../20....

14 vertèbres cervicales

Comme tous les hiboux et chouettes, les strigidés, la hulotte peut tourner la tête jusqu'à 270° (ou trois-quarts de tour) : de gauche à droite, mais aussi vers le haut et le bas. C'est grâce au fait qu'elle possède deux fois plus de vertèbres cervicales que, par exemple, les mammifères. Cette nuque hyperélastique est une adaptation nécessaire pour pouvoir vivre avec les yeux extrêmement sensibles à la lumière des strigidés, qui sont toujours gigantesques et immobiles dans leur orbite.

Attaque surprise

Dans son vol en piqué, la chouette hulotte ne fait pratiquement aucun bruit, elle est passée maître dans l'art des attaques surprises. La proie est entièrement avalée et l'oiseau régurgite ensuite les os, poils et plumes non digérés.

Bec et ongles

La chouette hulotte défend vigoureusement son territoire. Quiconque s'approche de son nid est prévenu par un appel sifflant et sonore. Un pas de plus et vous aurez affaire à une chouette en colère. Une femelle découverte sur sa nichée ira jusqu'à s'attaquer aux humains pour la défendre bec et ongles.

— Avec une telle nuque, vous avez une vision à 360°

Accrobranche —

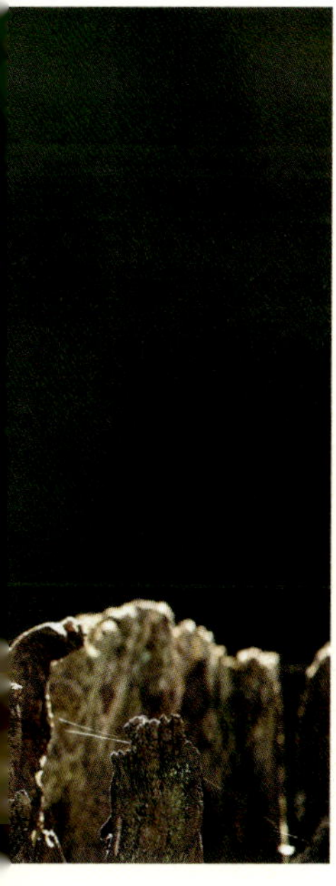

Amours d'hiver

Dès l'hiver, un couple de chouettes hulottes se met à la recherche de son propre territoire. Par son chant, le mâle fait savoir que sa promise-pour-la-vie n'est plus libre. La femelle choisit une cavité dans un arbre creux, une anfractuosité de roche ou un vieux bâtiment pour accueillir le nid. Elle se fiche du bien-être ménager et élève sa progéniture sur un lit de pelotes de réjection et de bois vermoulu.

Des poussins duveteux

Tant que les jeunes des chouettes hulottes restent au nid, c'est papa qui ramène la pitance à la maison. Après 4 à 5 semaines, ils font leurs premiers pas dans le monde extérieur. Ils ne savent pas encore voler et restent planqués sur une branche à proximité de leur nid. Celui qui tombe doit regrimper. (S'il n'y arrive pas, les parents viendront le nourrir au sol). Ce n'est que 3 semaines plus tard que les poussins échangent leur duvet pour de vraies plumes et apprennent à voler.

ÉTOURNEAU SANSONNET

Sturnus vulgaris

Vous l'entendrez plus vite que vous ne le verrez, sauf en hiver. Des dizaines de milliers d'étourneaux tournoient alors ensemble dans l'air du soir.

— En groupe

— Adultes

19-22 cm

37-42 cm

toute l'année

villes et villages, parcs, forêts de feuillus

larves, vers, fruits

2,5 ans

**

5 TRAITS CARACTÉRISTIQUES

1. Plumes noires à reflet pourpre et bronze
2. Queue courte et bec pointu assez long
3. Plumage pointillé de blanc en hiver
4. Le bec est jaune en été, gris foncé en hiver
5. Chant flûté caractéristique

SON

Les étourneaux sont souvent confondus avec les merles, surtout en été quand ils ne sont pas pointillés de blanc. Il y a une grande différence dans leur comportement : les étourneaux déambulent dans l'herbe à la recherche de vers, alors que les merles sautillent.

Ballet aérien

Nos étourneaux partent vers le sud après la période de reproduction, mais une autre population beaucoup plus nombreuse vient hiverner ici. À la tombée du soir, ces oiseaux se rassemblent par dizaines de milliers pour effectuer un superbe ballet aérien.

Chacun sa place

Soudain, le vol d'étourneaux s'abat pour passer la nuit quelque part. Ils dorment chacun à leur propre petite place, souvent exactement sur le même roseau nuit après nuit. À tour de rôle, quelques étourneaux montent la garde.

Rôles stéréotypés

Les tâches du couple d'étourneaux sont strictement réparties : le mâle bâtit le nid, la femelle couve les œufs. Quand ceux-ci ont éclos, les parents s'occupent ensemble de leurs oisillons. Après trois semaines, les jeunes prennent leur envol, mais ils restent encore quelques jours à proximité du garde-manger maternel.

Ragoût d'étourneaux ?

Dans la nature, l'étourneau niche dans des trous d'arbres, mais il peut s'installer aussi dans les fentes et les cavités des bâtiments. L'oiseau était jadis une denrée appréciée, consommée en ragoût. On suspendait des « pots à étourneaux », les oiseaux venaient y nicher et on « récoltait » les jeunes. Cette pratique est heureusement aujourd'hui interdite.

☐ Vu le	......../......../20....

TADORNE DE BELON

Tadorna tadorna

Cet oiseau moderne a un comportement étrange pour un canard. Il squatte un terrier de lapin pour y faire son nid et confie ses jeunes à la garderie locale.

— Jeune

55-65 cm

110-133 cm

toute l'année

surtout à la côte

petits animaux aquatiques

10 ans

**

Adulte —

5 TRAITS CARACTÉRISTIQUES

1. Grand canard au gros bec rouge (celui du mâle surmonté d'une caroncule)
2. Corps blanc avec dessin brun roux et noir
3. Bande de poitrine brune, tête et cou vert foncé
4. Ligne noire sur le ventre dans le sens de la longueur
5. Émet différents sons, du sifflement léger au cri sonore

SON

En développement

Chez les jeunes tadornes de Belon, les couleurs doivent encore se développer. Leurs zones colorées sont tachetées de gris brunâtre et leur tête porte un masque blanc. Les bandes de la poitrine et du dos sont absentes et les ailes se terminent par un bord blanc.

Au menu

Le tadorne de Belon apprécie un régime varié composé entre autres d'escargots, vers, mollusques, crustacés, coquillages et insectes. Il les déniche en piétinant la boue et les gobe directement ou les sort de la profondeur en mettant la tête sous l'eau.

Habitant de la côte

Vous rencontrez surtout ce canard proche de l'oie à la côte, où il affectionne les dunes pour couver. Mais le tadorne de Belon se retrouve aussi régulièrement dans d'autres lieux avec un plan d'eau riche en nourriture.

☐ Vu le	......../......../20.....

Dans un squat
Le tadorne de Belon se préoccupe peu de son look attrayant, car il fait son nid douillet dans des terriers de lapin abandonnés ou d'autres endroits cachés. Tandis que la femelle couve de 8 à 10 œufs, le mâle monte la garde. Dans une mauvaise année pour les lapins, le tadorne de Belon est lui aussi en difficulté.

Crèche de jour
Les jeunes se regroupent sur l'eau dans des crèches sous l'accompagnement de quelques adultes compétents. Il s'agit souvent de membres de la famille, de couples eux-mêmes sans canetons ou de couples dominants qui veulent jouer les chefs.

Sécurité de groupe
Même si un grand groupe de canetons attire plus l'attention, les jeunes y sont plus en sécurité que dans leur petite famille. Le risque qu'ils y soient piqués par un prédateur est statistiquement beaucoup plus bas.

— Sur la mer

Crèche —

Traitement de faveur

En se proposant comme accompagnateurs, les tadornes de Belon renoncent à pas mal de liberté. Par contre, cela leur permet de choisir eux-mêmes quels poussins protéger au maximum au milieu du groupe. Priorité à leurs propres gènes !

Muer ensemble

En mettant leurs jeunes à la crèche, les parents peuvent déménager à temps vers leurs territoires de mue, en pleine mer. Il doit s'y trouver suffisamment de nourriture pour un grand groupe de canards, car ils ne pourront pas voler jusqu'à ce que leur plumage soit entièrement renouvelé.

Migration

Après la mue, les tadornes de Belon retournent dans leurs territoires de nidification ou prennent la direction du sud. Ils sont remplacés par des tadornes de Belon vivant plus au nord et qui viennent hiverner chez nous.

TROGLODYTE MIGNON

Troglodytes troglodytes

Le troglodyte mignon a une puissance vocale étonnante pour sa petite taille. Apprenez à reconnaître ses roulades perçantes et vous saurez en un rien de temps dans quel fourré il sautille de branche en branche !

— Adulte

— Un nid entre les racines d'un arbre tombé

Taille	9-10,5 cm
Envergure	12-16 cm
Période	toute l'année
Habitat	taillis des forêts, parcs et jardins
Alimentation	insectes, araignées
Longévité	5 ans
Observation	**

5 TRAITS CARACTÉRISTIQUES

1. Petite queue dressée agitée nerveusement de haut en bas
2. Tenue de camouflage brune avec sourcils beiges
3. Bec pointu
4. Ailes qui vibrent rapidement
5. Chant territorial sonore et reconnaissable

SON

Sur la piste
Ce mignon petit oiseau ne révèle pas seulement sa présence par la portée de sa voix. Le mâle construit chaque hiver, tel un minuscule ingénieur, plusieurs nids de forme ovale. L'entrée de ses mini cavernes végétales est très proche du sol.

Rembourrage intérieur
Avec ses constructions, le mâle espère séduire sa future conjointe, qui choisit le meilleur nid et se charge du rembourrage intérieur. Elle forme un moelleux matelas de mousse, poils et plumes pour ses œufs.

Petit coquin
Assez de romantisme ! Quand sa première conquête est occupée à couver, ce coquin n'hésite pas à proposer le reste de ses nids sur le marché immobilier pour séduire une deuxième partenaire.

Festin d'hiver
La présence de cette mignonne boule de plumes est très appréciée dans les parcs et les jardins. Mais les hivers rigoureux sont redoutables pour son organisme fragile. Pour l'aider à faire face aux jours de gel, offrez-lui des vers de farine séchés. Placez ce festin riche en protéines sur le sol, à des endroits protégés, de préférence sous quelques buissons épais.

Terrain propice
Si vous voulez amener un couple à nicher dans votre jardin, il faut aménager celui-ci de manière naturelle, avec beaucoup de coins sauvages. Le troglodyte mignon trouve les tas de bois et les murs de lierre particulièrement propices pour y élever sa/ses famille(s) nombreuse(s).

☐ Vu le	......../......../20.....

GRIVE MAUVIS

Turdus iliacus

La grive mauvis est une visiteuse d'hiver que vous pouvez à l'occasion rencontrer avec un coup dans l'aile.

— Adulte

— Dans un buisson à baies

19-23 cm

33-34,5 cm

de mars à novembre, surtout printemps et automne

arbustes à baies dans les bois, parcs et jardins

vers, graines, baies

2 ans

****

5 TRAITS CARACTÉRISTIQUES

1. Dos brun clair et ventre blanc moucheté de brun
2. Aisselles et dessous des ailes rouge orangé
3. Sourcils et moustaches blanc cassé
4. Bec foncé à base jaune
5. Crie un « psjiiieee » aigu et prolongé pendant la migration

De passage
Cette sorte de grive ne nidifie pas dans notre pays, mais vient régulièrement y hiverner. Encore plus de grives mauvis font halte dans notre pays en cours de migration. Au printemps ou à l'automne, vous les voyez soudain surgir en bandes, souvent en compagnie de grives litornes.

Truc pour les purs et durs
Si vous voulez vivre leur migration comme si vous y étiez, postez-vous dehors en mars ou en octobre, par une nuit étoilée. De grands groupes de grives mauvis survolent alors notre pays en faisant grand bruit. Vous aurez peut-être même la chance de les voir si la lune est de la partie !

Friande de fruits
L'hiver, la grive mauvis troque son régime d'insectivore contre une alimentation riche en fruits. Vous la rencontrez alors sur des buissons à baies, comme l'aubépine, l'argousier ou le sorbier. Quand il a neigé, vous pouvez aider cet oiseau en lui offrant un peu de fruits dans un endroit abrité.

Ivresse sur la voie publique
Parfois, la grive mauvis mange tellement de baies que celles-ci commencent à fermenter dans son estomac. L'alcool qui s'y forme lui monte à la tête et soudain vous la voyez voler de travers. En dehors de l'aspect comique, cela augmente son risque de se faire attraper : pas pendant un contrôle BOB inopiné mais par l'attaque surprise d'un rapace.

SON

☐ **Vu le**	......../......../20.....

MERLE NOIR

Turdus merula

Le merle noir a été longtemps notre oiseau de jardin par excellence, mais est confronté aujourd'hui à un redoutable virus aviaire.

— Mâle

— Femelle

— Nid

Longueur	23,5-29 cm
Envergure	34-38 cm
Période	toute l'année
Habitat	forêts, parcs et jardins
Nourriture	vers, escargots, baies
Espérance de vie	3 ans
Observation	*

5 TRAITS CARACTÉRISTIQUES

1. Mâle noir de jais avec bec et pourtour de l'œil jaunes
2. Femelle brun foncé avec poitrine plus claire mouchetée et bec foncé
3. Sautille rapidement dans l'herbe pour s'immobiliser ensuite totalement
4. Sa queue se dresse à chaque pas à la verticale et redescend ensuite lentement
5. Chant mélodieux avec des sifflements flûtés et des roulades

SON

Associé de la taupe ?

On rencontre souvent les merles à côté des taupinières, où ils semblent attendre que la taupe pointe le bout de son nez. En fait, ce comportement est du pur opportunisme. Les vers délogés par la taupe sont récupérés aussitôt par le bec gourmand du merle.

Amoureux enflammés

Les mâles présentant le bec le plus voyant ont le plus la cote auprès des dames. Un bec d'un jaune orange flamboyant est gage de bonne santé et donc de descendance forte. Dernier truc de séduction, le mâle entonne un chant irrésistible, la plupart du temps c'est le premier oiseau qui chante à l'aurore.

Nid de merle

Un nid de merle, en forme de coupe, est un assemblage de branches, tiges, herbes et boue. Les parents ne sont pas très doués dans l'art du camouflage. Beaucoup de jeunes merles sont donc capturés, notamment par les pies, les corneilles, les geais et les chats domestiques.

Le virus Usutu

Pendant longtemps, le merle a été l'oiseau le plus représenté dans nos jardins, jusqu'à ce que le virus Usutu, du nom d'une rivière d'Afrique, arrive jusqu'ici. Il a particulièrement touché la population de merles. Heureusement, le bel oiseau noir est toujours présent dans les trois quarts de nos jardins.

Une pomme par jour...

Les merles raffolent des pommes. Il ne faut pas couper celles-ci en petits morceaux pour leur en donner, car ils gèlent ou pourrissent plus vite. Posez donc la pomme (ou le trognon) en entier sur la mangeoire ou tout simplement sur le sol.

☐ Vu le	......../......../20....

GRIVE LITORNE

Turdus pilaris

Qui veut s'attaquer aux enfants de la grive litorne risque de se retrouver dans le caca.

— Adulte

— Pas fan de neige

	22-27 cm
	39-42 cm
	toute l'année
	paysages ouverts
	insectes, vers, baies, fruits
	2,5 ans
	***

5 TRAITS CARACTÉRISTIQUES

1. Tête et croupion gris bleu, ailes et dos bruns
2. Longue queue passant du brun au noir
3. Ventre de blanc à beige et poitrine orange, les deux mouchetés de brun
4. Tache blanche sous l'aile
5. Gazouillis peu harmonieux

« Tiac-tiac »

Le petit nom de « Tiac-tiac » qu'on lui donne parfois vient du cri « tiac-tiac-tiac » qu'elle pousse en s'envolant.

Nicheuse plutôt rare

La grive litorne vient surtout dans notre pays pour y passer l'hiver, bien qu'elle vienne aussi y nicher depuis les années 60. Elle s'établit alors principalement en Wallonie, où quelque 10 000 couples nidifient en colonies pas très denses.

Bombardement de fiente

Maman grive litorne s'occupe seule de la construction du nid : un nid d'oiseau classique de branches, herbes, boue et mousse. Tous les oiseaux de la colonie unissent leurs forces quand des intrus s'annoncent. La tactique de la grive litorne est assez particulière : tout le groupe bombarde les assaillants de fiente, si intensément que parfois ceux-ci ne peuvent même plus voler !

En fuite devant la neige

Quand un front neigeux arrive en hiver, vous voyez soudain beaucoup de grives litornes en même temps. Elles ne peuvent plus trouver de nourriture et se déplacent en masse vers un territoire moins blanc.

Folle de fruits

La grive litorne se tient souvent dans le voisinage des vergers et des buissons à baies. Pour l'aider à passer l'hiver, offrez-lui des pommes déposées sur votre pelouse ou en dessous d'un buisson.

SON

☐ **Vu le**	......../......../20.....

GRIVE DRAINE

Turdus viscivorus

Voler un baiser sous le gui ? La grive draine en a fait sa marque de fabrique !

— Adulte

— Grive musicienne

— Est-ce une graine apportée par la grive qui a engendré ce gui ?

26-29 cm

42-48 cm

toute l'année

prairies, parcs et jardins

vers, larves, insectes, baies

3 ans

***

5 TRAITS CARACTÉRISTIQUES

1. Dos brun avec croupion plus clair
2. Ventre ivoire à taches rondes
3. Tache plus foncée sur l'aisselle et plus claire sur la joue
4. Longue queue à coins blancs
5. Cri comme une sorte de raclement et bref chant flûté

SON

Différence avec la grive musicienne

Outre le répertoire de chant plus étendu et la taille plus petite de la grive musicienne, il y a encore d'autres différences. La grive musicienne a une queue plus courte, une attitude moins fière, le dessous moucheté, le dessous des ailes et la poitrine beiges et pas de tache évidente à l'aisselle et sur la joue.

Quand peut-on entendre la grive draine ?

Cet oiseau est un des chanteurs les plus précoces. Son chant est le plus fort en février et mars, mais on l'entend parfois déjà en décembre. La grive draine lance son chant nuptial du haut d'un arbre, quoiqu'elle puisse chanter aussi en volant. Elle ne le fait pas au point du jour, mais tout simplement pendant la journée.

Sous le gui

En hiver, la grive draine adore cueillir les baies collantes du gui. Quand la graine reste collée à son bec, elle l'essuie à une branche dans le voisinage. Elle assure ainsi la dispersion de cette plante parasite des arbres. Tout aussi souvent, la graine est bien avalée et se retrouve ailleurs via les déjections.

Haut et au sec

La grive draine nidifie à hauteur élevée. Elle fait de préférence son nid dans des arbres feuillus, à proximité de prairies et champs pleins de vers de terre. Le grand nid en forme de bol est construit par le père et la mère. Ils s'occupent ensemble de leurs enfants.

☐ Vu le	......../......../20.....

VANNEAU HUPPÉ

Vanellus vanellus

Au printemps, cet acrobate aérien ne passe pas inaperçu au-dessus des champs : le vanneau huppé aime se faire remarquer !

— Adulte

28-31 cm

82-87 cm

toute l'année

champs et prairies

insectes, mollusques, araignées, vers

5,5 ans

*

Vol de parade nuptiale —

5 TRAITS CARACTÉRISTIQUES

1. Dos vert foncé à reflet bronze
2. Ventre blanc, plastron noir
3. Longue huppe noire et pattes rouges
4. Le dessin blanc sous l'aile est visible pendant son vol de parade acrobatique
5. Chant aigu caractéristique

Astuces pour le voir

— Se poster dans la campagne à partir de mars
— Chercher un oiseau qui virevolte de haut en bas et semble blanc et noir de loin
— Pendant le vol, le chant du mâle se fait entendre en permanence : « kîvitt-kîvitt »
— Après la parade nuptiale, le vanneau huppé se fait encore remarquer par ses farouches tentatives de défendre le nid contre les prédateurs

Acrobate aérien

Pendant la parade, le mâle vole bas au-dessus du sol, s'élève brusquement en chandelle et redescend en piqué. Tous les deux battements d'ailes, il pivote de gauche à droite sur son axe, montrant son ventre blanc à qui veut l'admirer. Un séducteur né !

Hivernage en groupe

L'hiver, les vanneaux huppés se regroupent dans des prairies humides. Ils y trouvent suffisamment de nourriture pour lutter contre le froid.

SON

Zoum zoum

Pendant le vol de parade peut-être entendrez-vous aussi, entre ses cris d'appel, le vrombissement des ailes du vanneau huppé. Il est provoqué par les longues rémiges dont c'est la principale utilité, après le fait de voler, naturellement.

Une vraie star

Le vanneau huppé a été créé pour le show. À ses talents bien connus d'acrobate aérien, il ajoute des talents d'acteur. Si un rapace vient roder trop près de son nid, il vole en faisant semblant d'être blessé. Il entraîne ainsi au loin le mal intentionné qui croit suivre une proie facile.

Oiseau en danger

À l'origine, le vanneau huppé habitait dans des marais humides, qui ont disparu du paysage quand on a voulu assécher les terres autant que possible au début du 20e siècle. L'oiseau a déménagé et prospéré dans la campagne, mais là aussi il est aujourd'hui menacé-, car les lieux de nidification adaptés s'y font de plus en plus rares.

— Jeune

Au nid —

Exigeant ?

Le vanneau huppé a besoin de parcelles herbeuses ou qui restent en jachère. Il n'est pas adapté aux changements rapides que le paysage agricole présente au printemps. Ce qui lui semblait un beau morceau de sol nu et humide se transforme brusquement en un champ de maïs ou de céréales poussant à toute allure. Et dans les prairies, à cause des engrais, l'herbe pousse aussi plus vite qu'il ne l'avait prévu et les machines faucheuses viennent tuer ses petits avant leur envol.

Un sur dix

Tout cela semble encore plus grave quand on regarde les chiffres. D'une enquête de 2018 sur les nids de vanneaux, il ressort que seulement 1 sur 10 a survécu. Pas étonnant que l'oiseau soit en déclin. Par la restauration des zones humides dans la nature, par exemple le plan Sigma en Flandre et les projets Life en Wallonie, espérons que le vanneau huppé réoccupera son ancien biotope.

☐ **Vu le**	......../......../20.....

— Buse variable

INDEX *par nom français*

INDEX *par nom latin*

www.lannoo.com
www.notrenature.be

En vous enregistrant sur notre site, vous recevrez régulièrement une lettre qui vous informera de nos nouvelles parutions et vous proposera des offres exclusives.

Texte : Onze Natuur
Photographie : Onze Natuur, Shutterstock, Vilda
Traduction française : Influence Pub – Germaine Fanchamps
Design : Tom Suykens
Mise en pages : Keppie & Keppie

Si vous avez des remarques ou des questions, n'hésitez pas à prendre contact avec notre rédaction : redactielifestyle@lannoo.com.

D/2021/45/514 – NUR 430-435
ISBN: 978 94 014 8132 8